让孩子爱上吃饭

饭团·三明治·便当全图解

恒星璀璨 著

化学工业出版社

·北京·

60款好吃好玩又营养的儿童餐。各种可爱的小动物、童话里的小人物、萌系十足的造型、应景的节日主题……每一次都是满满的惊喜！用蔬菜做配菜，制作出花样造型，让孩子在不知不觉中摄入蔬菜中的营养。饭团、三明治、便当，即使是再挑食的孩子，也会爱上吃饭。每一道料理都详细介绍了所需材料、制作方法和清晰明了的步骤图，即使是新手妈妈也能一次上手。做出视觉与味觉双重享受的美味料理。

图书在版编目（CIP）数据

让孩子爱上吃饭：饭团·三明治·便当全图解 / 恒星璀璨著. — 北京：
化学工业出版社，2017.10
ISBN 978-7-122-30393-6

Ⅰ.①让… Ⅱ.①恒… Ⅲ.①儿童 – 食谱 – 图解 Ⅳ.① TS972.162-64

中国版本图书馆 CIP 数据核字 (2017) 第 191148 号

责任编辑：马冰初　李锦侠　　　装帧设计：子鹏语衣
责任校对：边　涛

出版发行：化学工业出版社（北京市东城区青年湖南街 13 号 邮政编码 100011）
印　　装：北京瑞禾彩色印刷有限公司
710mm×1000mm 1/16 印张 10　字数 300 千字 2018 年 4 月北京第 1 版第 1 次印刷

购书咨询：010-64518888(传真：010-64519686) 售后服务：010-64518899
网　　址：http://www.cip.com.cn
凡购买本书，如有缺损质量问题，本社销售中心负责调换。

定　价：39.80 元

前　言

　　新妈妈们总会为小宝宝的到来而感到万分高兴，可是这么一个乖巧可爱的宝宝如何让他健康成长却成了全家都关心的主题。生活忙碌不堪的你，是否每天都因为宝宝吃什么最营养健康而头疼？宝宝的一举一动都时刻牵动着你的心。

　　新手妈妈们不会厨艺不要紧，最重要的是拥有一颗爱护宝宝的心，记住每天与宝宝一起看到的动画形象以及可爱的小动物，把它们运用到营养丰富的食物中，给宝宝来个精彩的视觉以及味觉的盛宴吧！白白胖胖的米饭也许不能博得宝宝的喝彩，但如果将它们当作"橡皮泥"来对待，你会发现这些千变万化的造型能引起宝宝的兴趣以及食欲，并且使宝宝的想象力也得到提升。除了中式便当，西式餐点你是否也想给宝宝尝试一下呢？如何改变西式餐点的高热量以及烹饪手法，让宝宝不仅能够进行舌尖上的旅行，同时也能适应他们脆弱的肠胃？不必为了这些再伤脑筋，只需准备好奶酪、意大利面等食材，参考本书就能知晓。

　　除了精致的宝宝便当、宝宝西餐，还有给他们的爱的奖励。当宝宝们学会一个新词语或做好一件小事情时，不必再用那些富含添加剂的零食奖励他们，而是自己动手制作小饼干、小糕点来对他们加以鼓励，赢得宝宝们的欢心，这样也能让他们知道甚至学会去处理好每一件事情，激发宝宝们学习新事物的热情，也为你们之间感情的建立拉近距离。

　　宝宝食欲不振、吃起饭来特别心不在焉，甚至出现厌食……这些状况是不是让你措手不及并且担心不已？相信有了这本书的帮忙，你再也不必担心这些扰人的小问题，让宝宝随着你厨艺的增进健康成长吧！

目 录
CONTENTS

Chapter 5

超萌小面点

会呼吸的健康饱腹美味

Chapter 6

爱的小叮咛
宝宝餐的安全把关

Chapter 1

宝宝餐入门

妈妈用爱开启料理之门

自制宝宝餐的 4 个理由，赋予你超强的行动力，从食材准备到制作便当的工具都贴心为你一一罗列，再加上诱人的酱汁调配，帮你做到烹饪零失误。初当妈妈别紧张，只要用爱就能开启料理之门！

自制宝宝餐的 4 个理由

快食文化无处不在地侵入我们快节奏的生活，就算是有宝宝的家庭有时也会图方便地带着宝宝一起吃外卖，这是非常不利于宝宝健康成长的。

理由 1：安全第一，健康最重要

随着经济的发展，饮食健康得到了大家的高度关注。自制宝宝餐的好处一是能够最大限度地降低不新鲜的食物对宝宝身体的伤害，不会用料来历不明，甚至用变质食材；二是能够根据宝宝自身的发育需求，制作出最适合他们的菜谱，营养更全面、更合理，为宝宝的健康成长保驾护航。

理由 2：增近与宝宝之间的感情

妈妈亲手为宝宝制作的宝宝餐更能体现妈妈对宝宝的爱，用心去制作他们喜欢的造型，又搭配出最适合他们的食谱，这样一来不仅营养全面，还能与宝宝有更多的互动。他们会感受到你浓浓的爱意，同时还能享受到造型可爱、营养丰富的美味食物，这也是他们更爱你的原因。

理由 3：节省时间

周末如果带宝宝到游乐园玩耍，自带便当或者小点心能节省很多时间。游乐园提供的大多是快餐或是油炸食品，不仅对宝宝身体不利，排队点餐的队伍也会让饿了的宝宝焦虑不安。所以去游乐园或是野外郊游自备便当或者饱腹食品，既卫生又安全，而且省心省力，让宝宝能有更多的时间玩耍。

理由 4：即做即吃，营养不流失

市面上的快餐或者小零食都是提前制作好销售的。这样一来，中间相隔的时间就会让食物的营养严重流失，如果一些不良商贩把几天前没卖完的食物再拿出来卖，这样不仅没有营养，还会让宝宝有肠胃不适的危险。零食则是使用了很多添加剂制作而成的，自制手工小点心不仅方便携带，而且毫无添加剂，更利于宝宝的健康成长。

自制宝宝餐的5个原则

原则1：食材新鲜

制作宝宝餐的初衷就是为了健康，新鲜的食材营养流失得最少；妈妈们不能为了省事把一周的食材都买好放到冰箱里，这样就不能达到宝宝餐的营养标准了。特别是鱼肉和虾，一定要保证是活鱼活虾，鱼肉最好先剔除鱼刺鱼骨再制作成料理，让宝宝吃得更安全。

原则2：根据宝宝年龄制作

宝宝每个年龄阶段要求的食物大小以及软硬程度不同，2～3岁的宝宝咀嚼能力不如5岁以上的小孩，所以在制作宝宝餐时，鱼肉、鸡肉可以切成丁，而猪肉要切成肉末再制作佳肴，让宝宝吃得更安全，也更容易消化，不会造成咀嚼上的负担。

原则3：严格把控调味料

妈妈在放盐、糖、酱油等调料时一定要酌情处理，千万不要多放，并且味精和鸡精这类调味品最好不放。不要按你的口味给宝宝做菜，因为宝宝的肠胃功能相对较弱，制作的菜肴口味清淡自然些更适合他们的肠胃，更利于营养的消化吸收。

原则4：掌握好火候

除了要注意调味料的用量以外，也要注意掌握好做饭的火候。妈妈们不要把宝宝的肠胃和牙齿想得过于脆弱，把所有的食物都延长时间去煮烂，这样不但损失了营养，也不利于宝宝牙齿的发育和咀嚼能力的锻炼。有些蔬菜只要煮熟即可，以免营养流失。

原则5：注重色、香、味、形

宝宝的口味不同于成人，有点儿挑剔，有点儿娇惯，也十分敏感。所以在制作宝宝餐时，要特别注重色、香、味、形，多做些小动物或者卡通人物形象的食物，不仅在吃的时候能够促进宝宝食欲，同时也能锻炼宝宝的想象力、认知力以及创造力。

制作宝宝餐必备的省力工具

宝宝食物专用剪刀，采用钝口设计，ABS食用级材质，安全无毒不易滋生细菌，而且也不会弄伤宝宝的小手。

料理机绝对是制作宝宝餐的必备工具，它集打豆浆、磨干粉、榨果汁、打肉馅、刨冰等众多功能于一体，使用和清洗都非常方便。

简易的蔬果切割器能够轻松地将水果切割成小块，更加方便宝宝进食。安全的宽手柄防护措施不用担心会伤到手指。

电动搅拌棒让你轻松准备汤、米糊等食物，外形轻巧，动力十足，能够充分将食物成分混合，电动搅拌棒小巧且易于清洗，使用起来很方便。

各种图案的压花器可以帮助你将食物快速制作出各种可爱的卡通图案，用于装饰便当或是饭团是非常不错的选择，是妈妈们省时省力的小帮手。

宝宝餐碗倾斜的设计非常符合人体工程学，更加方便宝宝自己进食。宽大边缘设计可以让宝宝很容易地将它拿起，也不用担心宝宝被食物烫到。

食物研磨器可以轻而易举地将煮好的蔬菜或者水果捣碎成泥，用它制作肉丸或者土豆泥是最方便的，这种简单实用的小工具，能让你的厨艺增长不少。

如果你觉得米饭又黏又不成形，制作饭团非常费力，那么饭团模具就是妈妈们制作饭团的小神器，让你不费吹灰之力就能做出宝宝最爱的饭团造型。

为宝宝制作健康酱汁

宝宝吃的东西往往口味比较清淡，所以妈妈们都会尽量不放盐、糖等调味品，但对于宝宝而言，寡淡的食物会削减他们对食物的兴趣，所以不妨制作几款健康的酱汁，与宝宝餐搭配着吃。

沙拉酱

　　沙拉酱是一种百搭酱，在各式烹饪中都经常会用到，比起从超市购买的沙拉酱，自己在家做的不但新鲜，而且更加绿色健康，符合宝宝们的成长要求。

主料： 鸡蛋（取蛋黄）1 个。

配料： 植物油 225g，白醋 25g，糖粉 25g。

做法： 1. 鸡蛋黄中加入糖粉，用打蛋器打至颜色变淡。

　　　　2. 用汤匙一边加植物油一边继续用打蛋器打发。

　　　　3. 打到变成浓稠状时，慢慢加入白醋，继续打发。

　　　　4. 直到油和白醋加完，打发至米白色就完成了。

Tips　1. 将白醋换成等量的新鲜柠檬汁，可以使做出来的沙拉酱充满柠檬的清新香味。
　　　　2. 最后一次加入白醋时，先看一下沙拉酱的浓稠程度，白醋不一定要全部加完，可依据个人口味调整。

番茄酱

　　番茄酱酸酸甜甜的，非常受宝宝们的喜爱。它也是面包和煎饼的最佳伴侣，番茄还具有健胃消食的作用，能让宝宝爱上吃饭，而且材料便宜，制作方法也很简单。

主料： 番茄 3 个。

配料： 白糖 15g，淀粉 2g。

做法： 1. 用刀在番茄上划个十字，用开水烫一下，剥掉外皮。

　　　　2. 将番茄肉切成小粒，放入搅拌机里打成泥状。

　　　　3. 将番茄泥倒入煮锅中，用小火慢慢煮开。

　　　　4. 加入白糖和淀粉，边煮边搅拌，直至浓稠。

Tips　1. 熬番茄酱的锅可以是不锈钢锅、电饭锅或者砂锅等，但是不能使用铁锅。
　　　　2. 白糖是天然的防腐剂，加入的白糖越多，番茄酱的保质期越长。

鸡肉蘑菇酱

　　鸡肉蘑菇酱用来拌面条，不仅好吃、富有营养，而且制作起来非常方便，也可以用鸡肉蘑菇酱搭配一些白灼的蔬菜，让宝宝们的便当味道更鲜美。

主料： 鸡腿肉 100g，香菇 10 朵。

配料： 鲜奶油 50g，淀粉 20g，盐 1 匙。

做法： 1. 将香菇和鸡腿肉用开水焯过之后切丁备用。

　　　　2. 将香菇丁和鸡腿肉丁放入料理机打成泥状。

　　　　3. 将泥酱 1:1 兑水倒入锅中，加入淀粉和盐熬煮。

　　　　4. 用小火慢炖至浓稠，最后加入鲜奶油拌匀即可。

Tips　1. 可依据宝宝的喜好在出锅前加入少量芝麻和孜然，味道更佳。
　　　　2. 若没有新鲜的香菇，用干香菇泡发使用效果也一样。

什锦果酱

　　市售的果酱虽然可以保存较长时间，但里面的添加剂对于宝宝来说实在是有百害而无一利的。自制的果酱健康新鲜，更具风味，如果你是个聪明的妈妈，相信你一定会选择自制果酱搭配三明治给宝宝食用。

主料： 苹果 1 个，橘子 1 个，梨 1 个。

配料： 淀粉 20g，白糖 50g。

做法： 1. 将苹果、橘子和梨去皮后切成小丁。

　　　　2. 放入白糖与水果丁拌匀，静置 30 分钟释放果胶。

　　　　3. 将食材倒入煮锅里，兑入适量开水慢火熬煮。

　　　　4. 加入淀粉熬煮至果酱变得浓稠，关火凉凉。

Tips　1. 可根据个人喜好选择多种水果搭配，调制出自己喜欢的口味。
　　　　2. 用料理机打碎果粒，可以节省熬煮的时间。

蛋黄酱

蛋黄酱里含有较多的油，自己制作可以保证用油安全，让宝宝的肠胃更健康。蛋黄酱还可以用来做浓汤，能做出法式大餐的感觉。

主料： 鸡蛋（取蛋黄）1 个。

配料： 白糖 25g，橄榄油 10g，食盐 1/2 匙，白醋 15g。

做法： 1. 鸡蛋黄中加入白糖，用打蛋器搅拌均匀。

2. 一边用打蛋器打发一边慢慢加入橄榄油。

3. 打至浓稠时慢慢加入白醋继续打发。

4. 最后加入少许食盐，让甜度更明显。

Tips 1. 这是基本的蛋黄酱的做法，若再加入酸黄瓜粒、番茄酱就成了千岛酱。
2. 未食用完的蛋黄酱装入密封罐中放入冰箱可以保存 1 周，最好尽快食用。

咖喱酱

咖喱酱采用大量的香料，食材丰富，集所有精华于一体，与清淡的海鲜、白切鸡或是素菜都很搭配，也是宝宝便当和饭团里的百搭酱料之一。

主料： 咖喱粉 250g。

配料： 胡萝卜 1 根，洋葱 1/2 个，土豆 1 个，虾仁 50g，椰浆 30ml。

做法： 1. 将胡萝卜、洋葱、土豆切块，和虾仁一起入锅翻炒。

2. 加入适量的水，盖过食材即可，再加入椰浆。

3. 放入咖喱粉，搅拌均匀后盖上锅盖焖煮 10 分钟。

4. 打开锅盖，让多余的水分蒸发，煮至浓稠即可。

Tips 1. 汤汁不要收得太浓，否则冷却后会变硬，不方便拌食。
2. 咖喱粉中本身含有一定的盐分，所以不必再加盐。

怎样搭配营养均衡的便当

营养均衡是我们常常挂在嘴边的话，但是如何才能做到营养均衡却总是让人一头雾水，并不是在家常备几盒各种颜色的维生素片就能了事，选对食材，找对方法，一切都很简单。

 ## 选菜有讲究

面对琳琅满目的蔬菜，在选择食材时你是不是也会茫然？最简单的办法就是按照蔬菜颜色来挑选。因为蔬菜的颜色与营养素含量有直接关系，绿色蔬菜优于黄色蔬菜，黄色蔬菜优于红色蔬菜。但不同颜色的蔬菜也各有所长，并不是说一种蔬菜所有的营养成分都高于另一种蔬菜。妈妈们应该选择多种蔬菜合理搭配，使营养互补。

 ## 荤素结合，均衡营养

便当要保证充分的能量，含蛋白质、维生素和矿物质的食物必不可少。应以五谷为主，荤素结合。最好多吃素食，如大量的蔬菜（丝瓜、藕等含纤维素较多），搭配适当的肉类、蛋类和鱼类，要注意少油、少盐、少糖。

 ## 烹调方式也很重要

便当的烹调方式最好选择烫、煮或者凉拌，这样可以保证食材的营养成分在烹饪的过程中不流失。食物存放的过程中，食材中的余热也会继续加热食物，所以煮至八分熟即可，能够更好地保持食材的味道。爆炒或者油炸等方式做出的食物油脂含量太高，容易给宝宝的肠胃造成负担。

 ## 加入坚果补充微量元素

坚果中含有一些宝宝成长所需的微量元素，如不饱和脂肪酸、维生素和矿物质等，是一般食品所不具备的。在为宝宝准备便当时，适当加入一些坚果是最好不过的了。但是坚果含的热量非常高，所以要注意控制分量，以免宝宝身材肥胖。

最安全的宝宝餐用油

层出不穷的"地沟油"事件让妈妈们闻油色变，可是宝宝的成长少不了油的陪伴，那么该如何选择给宝宝食用的油呢？

 ## 挑选有机"绿色"食用油

在挑选食用油时要特别注意，食用油所采用的原料是否为有机绿色原料。原料应当来于有机农业生产体系或野生天然产品，没有使用化肥、激素、抗生素、食品添加剂、化学合成的农药以及转基因产品。这样的食用油不会受到污染，能够保证宝宝的健康，也让妈妈放心。

 ## 挑选非转基因的食用油

联合国《生物多样性公约》中明确提出："转基因作物会给环境带来生态风险，以及可能影响人体健康"。只有食用油的所有成分均是采用非转基因食品为原材料，才能充分保证食用油的安全。所以，为了宝宝的健康，妈妈们应该选用绿色的非转基因食用油。

 ## 食用油要富含不饱和脂肪酸

中国营养学会曾指出 0~6 个月婴儿的脂肪摄入量应占总热能的 45%~50%，6~12 个月为 35%~40%，2~6 岁为 30%~35%，6 岁后为 25%~30%。不饱和脂肪酸是宝宝生长发育所必需的脂肪酸，人体不能直接合成，只能通过食物来摄取，而其中 70% 就来自于食用油中。所以挑选富含不饱和脂肪酸的食用油，对于宝宝的生长发育有着极其重要的意义。

宝宝用餐小窍门

宝宝吃饭慢怎么办？边玩边吃，不用心吃饭怎么办？到了吃饭时间却不想吃饭怎么办？对于宝宝的用餐，妈妈总是有太多太多要操心的问题，让我们一起来看看如何科学有效地安排宝宝的用餐时间吧。

 ## 吃饭氛围很重要

宝宝吃饭慢是不是让你很头疼？试着制造一个轻松愉快的用餐氛围，也许宝宝就会加快吃饭的速度。比如在吃饭时放点儿柔和的轻音乐以及制作造型可爱的宝宝餐，让宝宝保持愉悦的心情。切忌在餐前或用餐过程中批评宝宝，造成紧张的用餐氛围。

 ## 严格控制进餐时间

将孩子的进餐时间控制在 30 分钟，超时就不允许再吃。父母最好不要用哄骗、威胁等方式让孩子吃饭，等他饿了再让他吃。饭前也不要给孩子太多的零食，否则会消减其正餐时的食欲。更不要让孩子边吃边玩，或边看电视边吃，这些不良的进餐习惯，都会使孩子吃饭分心，影响食欲。

 ## 让宝宝独立用餐

让宝宝独立是每个父母的心愿，因此要从小培养宝宝独立用餐的习惯。作为宝宝的监护人，父母要和老师沟通，及时掌握宝宝在幼儿园的情况，在家里也要求宝宝像在幼儿园一样自己用餐。不能过于宠溺宝宝，让他们养成不良的吃饭习惯。

 ## 餐前与宝宝互动

让宝宝与你一同制作饭菜，以一种玩乐的方式让他们对食物产生兴趣。在制作的过程中给他们讲解各种食材生长的小故事和营养知识，告诉宝宝要珍惜食物，通过交流，可以增进宝宝与爸爸妈妈之间的感情。

 ## 奖罚分明的吃饭制度

宝宝们最喜欢的就是鼓励，用正面的引导方式鼓励宝宝们独立用餐，设立好宝宝吃饭评比表，每日进行评比，可以自制一些小贴画、小动物头饰等作为奖励来激励宝宝快速用餐，增加宝宝正确、独立吃饭的动力。

 ## 吃饭地点要固定

宝宝们吃饭慢有一个很重要的原因就是吃饭地点随心情而定，想去哪玩就去哪玩，根本顾不上吃饭。想要解决这个问题，首先得培养宝宝坐在饭桌前吃饭的好习惯，不要端着碗陪着宝宝到处跑，这样会让宝宝分心，也不利于食物的消化和吸收。

Chapter 2

爱的小饭团
造型各异充满爱的结晶

白白胖胖的米饭，为我们的每一餐提供必需的能量。

你可曾想过，这些再普通不过的米饭也能引起宝宝的食欲？

发挥想象力以及动手能力，造型各异的可爱饭团你就能轻松搞定。

最重要的是能够博得宝宝的欢心！

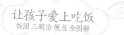

饭团姐妹

大部分速食食品使用油来烹调，并不适合小朋友，而饭团姐妹的主要食材是大米和海苔，不仅造型可爱，而且健康方便，非常适合外出野餐。

☀ 材料

米饭	1 碗	火腿	1 片
海苔	1 片	蟹棒	1 根
奶酪	1 片	番茄酱	少许

☀ 做法

1. 将米饭装入三角形饭团盒里压实。

2. 取出模具后，凉凉备用。

3. 将海苔剪成约7cm长的条，一端剪成半圆形。

4. 用海苔条包住饭团，半圆形一端朝上。

5. 将奶酪剪成娃娃脸的形状。

6. 将火腿和蟹棒（取白色部分）剪成长条作装饰。

7. 用蟹棒和奶酪剪出樱桃与皇冠的造型，贴在娃娃头上。

8. 用海苔剪出五官，用番茄酱装饰樱桃。（还可挑选其他食材装饰樱桃的枝叶和娃娃的脸颊）。

☀ Tips

1. 可在饭团里加入肉松等馅料，口感更丰富。

2. 等饭团完全冷却后再贴上海苔，可以保持海苔的酥脆。

3. 娃娃的脸部装饰可以蘸一些蟹黄酱，便于粘连。

蝴蝶幸运草饭团

　　蝴蝶花草主题的饭团能够营造外出野餐的氛围，让小朋友心情瞬间明亮，食欲也会因为这"美景"美食而增加不少。

☀ 材料

米饭	1 碗	花形意面	4 片
胡萝卜	1/2 根	黄瓜	2 片
生菜	1 片	海苔	1/2 片
奶酪	1 片	时令鲜蔬	适量
火腿	2 片	（作配菜）	

☀ 做法

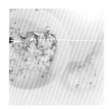

1. 将胡萝卜切碎，放入米饭中拌匀，分成两个 100g 的饭团。

2. 便当盒里铺上生菜叶，放入两个胡萝卜饭团。

3. 用比饭团直径小一些的圆形模具按压出两片圆形奶酪。

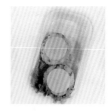

4. 将圆形奶酪片直接摆放在两个饭团上，露出饭团的边缘。

5. 将西蓝花等配菜用开水焯过后装入便当盒里。

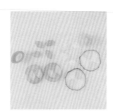

6. 用椭圆形模具和爱心模具按压出火腿蝴蝶翅膀和黄瓜幸运草叶子。

7. 用海苔剪出蝴蝶身子和触角，将火腿蝴蝶翅膀和黄瓜幸运草叶子摆到奶酪片上。

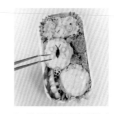

8. 将花形意面（煮熟）放在蝴蝶的翅膀上，作为装饰。

☀ Tips

1. 配菜可根据个人喜好搭配。

2. 米饭里可以掺入杂粮一起焖煮，更加健康。

3. 如果不喜欢奶酪，也可以用白萝卜片代替。

小鸡饭团

暖色系的小鸡饭团明亮可爱，注重荤素搭配，不仅秀色可餐，也会让宝宝拥有一个愉快的用餐心情。

☀ 材料

鸡蛋	1个	肉松	适量
米饭	1碗	西蓝花	适量
盐	少许	洋葱	1片
海苔	2片	西瓜	少许
胡萝卜	少许		

☀ 做法

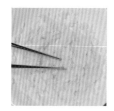

1. 将鸡蛋加入米饭中，加入少许盐拌匀，放入平底锅中炒熟。

2. 待鸡蛋饭团稍冷后装入保鲜袋，用手揉成椭圆形。

3. 将一整片的海苔裁剪成条状，再对折后剪出半圆形。

4. 将剪好的海苔打开，包在饭团上作为小鸡的肚子。

5. 用海苔压花器按压出眼睛和爪子，将眼睛剪成圆形。

6. 将剪好的小鸡的眼睛和爪子贴在饭团上，用胡萝卜薄片剪出嘴巴。

7. 将准备好的肉松放入制作蛋糕的小纸杯中，摆入饭盒里。

8. 用小花模具按压出洋葱花朵，再摆入其他食材即可。

☀ Tips

1. 在海苔上喷洒少许水，这样海苔不易断裂。

2. 饭团的大小要注意把控，以适合宝宝食用为标准。

3. 如果没有保鲜袋，在手上蘸取少许温开水，用手捏制饭团，这样米饭不易粘手。

米奇米妮雪糕饭团

　　雪糕形状的饭团能够让喜欢用手抓食物的宝宝吃起来米饭不粘手，而且方便食用，这么富有创意的雪糕饭团相信宝宝一定会爱不释手。

✹ 材料

米饭	1 碗	意面	适量
海苔	2 片	蟹棒	2 根
奶酪	1 片	雪糕棍	2 根

✹ 做法

1. 将米饭分成两个 110g 的饭团。

2. 将海苔剪成长条形, 将饭团的 2/3 包住。

3. 剪 4 片圆形海苔, 包住揉成小圆球的米饭, 作为耳朵。

4. 用意面固定住小饭团, 粘在大饭团上。

5. 用圆形模具按压出圆形奶酪和蟹棒, 分别贴在两个饭团上。

6. 另一根蟹棒煮熟沥干水分, 中间折叠处用意面固定住。

7. 将蝴蝶结蟹棒粘在米妮饭团上, 作为装饰。

8. 在饭团下面剪开一个小口, 插入雪糕棍即可。

✹ Tips

1. 海苔包住饭团后可用少许水将不平整处抹平。
2. 将饭团放冷后再拿起, 以免饭团散开。
3. 也可以用胡萝卜片代替蟹棒。

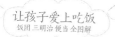

娃娃饭团

如果小朋友正在长身体食量增大，娃娃饭团是首选。两个白白胖胖的娃娃充满着父母对小朋友的爱，吃起来也会特别美味。

材料

米饭	1 碗	生菜	4 片
海苔	1 片	鱼蛋	2 颗
火腿肠	1/2 根	胡萝卜	1/2 根
奶酪	1 片	番茄酱	少许
菜花	适量	盐	少许

做法

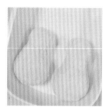

1. 将米饭分成两份，每份65g，用保鲜膜揉成人形饭团。

2. 用海苔剪出娃娃的头发，粘在饭团上。

3. 将生菜铺在饭盒里，放上娃娃饭团。菜花焯水后滤干，摆入便当盒中。将火腿肠和奶酪切成细条状，贴在娃娃脖子上，并剪出娃娃的帽子。

4. 在锅中加入水和少许盐焖煮鱼蛋，将煮熟的鱼蛋捞出沥干水分。

5. 饭盒中放入鱼蛋，撒少许盐。

6. 胡萝卜煮熟切片，用模具按压出爱心形状。

7. 将胡萝卜爱心摆在鱼蛋上。

8. 用海苔剪出娃娃的五官，用牙签蘸少许番茄酱点在娃娃脸颊上即可。

Tips

1. 食用菜花时配些酱料味道更好。

2. 可以根据个人喜好将鱼蛋换成牛肉丸。

3. 将保鲜膜用水沾湿，可以避免捏制人形时粘住米饭。

小熊蜜蜂饭团

　　萌萌的熊脸形状非常讨小朋友的欢心，无论是蔬菜还是肉类都搭配得十分合理，摆放的造型也很能激发食欲。再来几个水果就足够补充一天的能量了。

☀ 材料

米饭	200g	海苔	1片
胡萝卜	1/2根	酱油	少许
奶酪	1片	苦瓜	适量
火腿	1片	土豆泥	适量

☀ 做法

1. 取100g米饭，用保鲜袋包裹住揉成圆形。

2. 另外100g米饭用少许酱油拌匀揉成圆形，与白米饭饭团一起放入便当盒内。

3. 胡萝卜切片煮熟，用模具按压出小花和小星星形状。

4. 用奶酪做出蜜蜂的肚子和翅膀，用海苔剪出眼睛和肚子上的花纹，放在胡萝卜小花上。

5. 用模具压出火腿小熊耳朵和奶酪鼻子。

6. 用表情压花器在海苔片上按压出小熊的五官。

7. 将材料装饰在棕色饭团上做成小熊的造型，将蜜蜂摆放在白色饭团上。

8. 铺上土豆泥、苦瓜等配菜，用胡萝卜小星星作为装饰。

☀ Tips

1. 酱油与米饭搅拌时，加入少许清水，以免饭团过咸。

2. 小熊的五官也可以用巧克力酱来画，更加方便简单。

3. 在饭团边上撒少许芝麻，味道更美。

Chapter 3

可爱小便当
画面感十足的营养便当

可千万别小看小朋友们对于色彩的敏锐度，
色彩鲜艳、造型好看的便当可以营造宝宝良
好的进食心情。
用西蓝花、胡萝卜、洋葱等色彩鲜艳、营养
丰富的蔬菜，
可以打造一部爱的美食动画片！

可妮兔便当

可爱的便当造型会让人食欲大增，将食材摆成不同的卡通人物造型，在打开便当盒的那一刻会不会有惊艳的感觉？俏皮的笑脸会让吃饭的人心情愉悦。

☀ 材料

米饭	1碗	海苔	少许
火腿	1/2根	番茄酱	少许
鸡蛋	2个	盐	少许
黑芝麻	少许	胡萝卜	少许
植物油	适量	青椒	少许

☀ 做法

1. 将米饭装入便当盒里，用饭勺压平压紧实。

2. 锅中放入植物油加热，将鸡蛋打散调匀，放入盐后倒入锅中，用中火炒成碎粒状。

3. 把鸡蛋摆入便当盒中，中间空出头像。

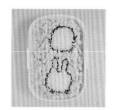

4. 将黑芝麻围着空出的轮廓边缘撒一圈。

5. 用火腿剪出两个圆形放在人形饭团两颊处，用海苔剪出五官摆入。

6. 用海苔剪出两个小圆形作可妮兔的眼睛，用火腿剪出嘴巴。

7. 用镊子蘸取少许番茄酱作腮红，点缀在可妮兔的脸上。

8. 将胡萝卜和青椒切片作装饰，摆放在头像两侧。

☀ Tips

1. 打蛋液时顺便将盐一起放入搅匀，如果入锅炒后再放盐有可能咸淡不均匀。

2. 如果担心用蛋碎不好摆图形，可以先用黑芝麻摆好图形后再放入蛋碎。

3. 炒蛋时尽量使用植物油，如果使用猪油，冷却后油会凝固。

篮球便当

除了健康的饮食，适当的运动对于宝宝的成长也同样重要，将活力十足的篮球运动元素融入到便当的制作中，让宝宝在日常的饮食中潜移默化地爱上运动！

材料

米饭	1碗	盐	少许
海苔	1片	生菜	2片
番茄酱	少许	时令蔬菜	适量
		（作配菜）	

做法

1. 准备一碗约200g 的米饭。

2. 将番茄酱和盐放 入米饭中拌匀。

3. 取80g装入保鲜 膜中揉成球形。

4. 海苔剪成约7cm 长的细条。

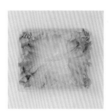

5. 在球形米饭的横、 竖方向各贴上一根海 苔条。

6. 再在两边贴上海 苔条做成篮球。

7. 在便当盒里铺上 生菜。

8. 将篮球饭团装入 便当盒里，再放入其 他配菜即可。

Tips

1. 剪成细长条的海苔包住米饭后不要反复移动，以免断裂。
2. 将保鲜膜放入碗具中，放入米饭后收紧即可轻松捏出饭团。
3. 用新鲜番茄汁拌饭，味道会更好。

花形蛋包饭便当

蛋包饭是在日本普遍受到青睐的一种主食，由蛋皮包裹炒饭而成。其造型清爽，吃起来爽口美味，深受孩子们的喜爱。

☀ 材料

米饭	1份	水	少许
鸡蛋（全蛋）	2个	盐	少许
鸡蛋（取蛋白）	1个	青豆	适量
火腿肠	1根	胡萝卜（切粒）	适量
海苔	1片	玉米粒	适量

☀ 做法

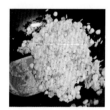

1. 将青豆、胡萝卜粒、玉米粒与米饭混合炒好后铲出待用。

2. 鸡蛋（全蛋）加少许盐和水拌匀，平底锅中放入油，小火煎至蛋液凝固成蛋饼。

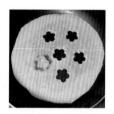

3. 用花形模具在蛋饼上按压出镂空图案，将花朵拿出备用。

4. 将蛋白用搅拌器搅拌均匀。

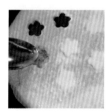

5. 用勺子将蛋白倒入镂空花形图案里，小火煎熟翻面。

6. 将火腿肠切成三等份长，摆入便当盒内。

7. 用海苔剪出眼睛和嘴巴的造型，装饰在火腿肠上。

8. 摆入用模具压出的鸡蛋花朵，装饰上其他食材即可。

☀ Tips

1. 如果是新手，可以在鸡蛋里多放一点儿淀粉，然后加一点儿水搅匀。

2. 用来炒饭的米饭，最好是隔夜的米饭。因为隔夜的米饭水分比较少，而且比较有嚼劲，不易粘锅。

3. 炒饭时可以按照个人喜好随意搭配食材，不需要依照食谱做到每种食材都一样。

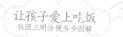

花朵便当

早上时间紧，来不及做复杂的便当怎么办？没关系，推荐一款花朵便当，借助模具一下子就可以塑造出清丽的花朵造型，既省时又不会让营养美味打折扣。

☀ 材料

紫甘蓝	3片	西蓝花	1/2棵
白米饭	少许	虾	2只
炒饭	150g	奶酪	1片
火腿片	1片	青豆	6颗

☀ 做法

1. 将紫甘蓝洗净，放入锅中煮熟后沥干。

2. 将紫甘蓝放入搅拌机里搅成泥，和白米饭混合拌匀。

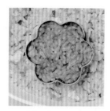

3. 炒饭装入便当盒里，将小花模具放在炒饭上，用紫米饭填满。

4. 用手蘸取少许清水滴在模具的边缘，然后轻轻取出模具。

5. 火腿片中间切竖条，对折后卷起，用生意面固定尾端，做成火腿花。

6. 先将开水焯熟的西蓝花装入便当盒，随后在西蓝花上摆放虾和火腿花。

7. 在奶酪片上按压出花朵和小圆点装饰在紫米饭上。

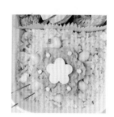

8. 将煮熟的青豆装饰在紫米饭边上即可。

☀ Tips

1. 火腿花最好选用较为软薄的火腿片制作，这样容易卷起造型。

2. 可以根据自己喜欢的颜色选择相应的蔬果来给米饭染色。

3. 热的米饭用蔬果汁染色更容易着色。

海贼王便当

　　风靡一时的海贼王，各种周边产品层出不穷，强大的影响力激发了我们制作便当的灵感，看起来复杂的造型做起来其实并不难，但也需要一点儿耐心才能将酷炫的海贼王塑造成功。

☼ 材料

米饭	1 碗	蛋皮	1 片
海苔	1 片	圣女果	2 个
深色奶酪	1 片	巧克力酱	少许
浅色奶酪	1 片	番茄酱	适量
		时令鲜蔬	适量

☼ 做法

1. 将米饭装入便当盒 2/3 的量，用勺子压平。

2. 剪出便当盒 1/3 大小的海苔片放入便当中间。

3. 用蛋皮、奶酪和海苔分别剪出大小不一的圆形。

4. 用深、浅两色的奶酪刻成骨头、小圆点和三角形，用海苔剪出五官，如图叠起。

5. 用模具压出一个圆形和一个水滴形的浅色奶酪。

6. 将圆形和水滴形的奶酪叠起，用海苔剪出五官，用蛋皮和番茄酱做草帽。

7. 将圣女果洗净擦干，用巧克力酱画出花纹即可做成恶魔果实。

8. 可分两盒装，将桑尼号和海贼旗小心地摆入便当盒中，最后放入时令鲜蔬即可。

☼ Tips

1. 深色奶酪可用胡萝卜代替。

2. 将圣女果上的水分擦干净，可使巧克力酱更易贴合。

3. 可以在米饭中间放一层配菜，不仅好看，也更好吃。

钢琴便当

　　周末闲暇时制作便当，对妈妈来说既是消遣也是放松。饭粒的香气弥漫在房间里，心中也慢慢堆积起温暖和满足。一大盒可爱的爱心便当，满溢着对宝宝浓浓的爱。

❋ 材料

米饭	1 碗	火腿	1 片
海苔	1 片	胡萝卜	少许
奶酪	2 片	时令鲜蔬	适量
		（作配菜）	

❋ 做法

1. 将米饭装入便当盒 2/3 的量，用勺子压平。

2. 用海苔剪出 5 条长方形的琴键，长度为米饭的 2/3。

3. 将海苔琴键如图摆到米饭上，用手指轻轻按压。

4. 用小刀在海苔琴键下面划出空隙做成白色琴键。

5. 将时令鲜蔬装入便当盒内空余的 1/3 处，摆整齐。

6. 用圆形模具按压奶酪的一半做成娃娃的头发。

7. 将奶酪头发摆在切片的火腿上，用海苔剪出眼睛和嘴巴。

8. 将白纸音符图案摆在胡萝卜片上，用小刀刻出胡萝卜音符，摆入便当盒里。

❋ Tips

1. 在配菜上加几滴柠檬汁可以保持蔬果艳丽的色泽。

2. 用胡萝卜可以刻成不同的音符造型。

3. 不到万不得已，不使用剩饭剩菜，因为便当空间有限，容易滋生细菌。

牛郎织女便当

　　真是惊喜不断，连牛郎和织女也可以装入便当盒内，看起来十分复杂的造型其实只需运用海苔和米饭就能完成，跟着步骤图来做，你也可以轻松学会。

❀ 材料

米饭	1碗	火腿	1片
海苔	4片	黄瓜	少许
面条	1把	胡萝卜	少许
番茄酱	少许	时令果蔬	适量
蛋皮	1片		

❀ 做法

1. 将米饭分为35g一份，揉成两个圆球。如图放入便当盒中。

2. 用海苔剪出牛郎和织女的头发与五官。

3. 取一片海苔剪成圆形，中间放少许米饭包起。

4. 用海苔剪两片长方形，放入米饭卷起。

5. 将面条煮熟，摆入便当盒的空隙处。圆形海苔放在牛郎的头顶作发髻，长条海苔做成织女的头发。

6. 用番茄酱作腮红，用小花模具将火腿做成小花，点缀织女的头发。

7. 剪出两个和便当盒长度一样的三角形海苔。

8. 将三角形海苔铺入便当盒两侧，放入饭团造型，将时令果蔬和蛋皮用模具压出星星的图案装饰在便当盒里即可。

❀ Tips

1. 卷牛郎和织女的发髻时最好使用干、凉一些的米饭，热米饭易使海苔遇水断裂。

2. 面条煮好后过一遍冷水，这样面条不会粘在一起。

3. 在面条上放一些拌面酱会更加好吃。

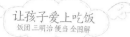

小猫小兔吐司便当

　　用吐司来做便当，比起米饭更加方便快捷，偶尔变换一下口味，宝宝更有兴趣。加上小兔和小猫的可爱造型，打开便当的那一刻绝对会让旁边的人惊呼："好可爱，好想吃"！

☀ 材料

吐司	2片	香菇	2朵
火腿肠	1根	玉米粒	少许
海苔	1片	火腿片	1片
西蓝花	1/2棵	盐	少许

☀ 做法

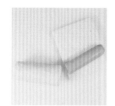

1. 吐司切掉四边，火腿肠对半切开，用吐司把火腿肠卷起来。

2. 用兔子模具按压吐司边做成小兔的耳朵。

3. 横向按压吐司边，做成小猫的耳朵。

4. 用表情压花器在海苔上按压出眼睛。

5. 将火腿片用圆形模具按压出腮红。

6. 将卷好火腿肠的吐司装入便当盒中，再装饰上五官。

7. 西蓝花、香菇和玉米粒洗净，放少许盐煮熟沥干，摆入便当盒内。

8. 摆入其他食材，最后装饰上动物的耳朵即可。

☀ Tips

1. 卷吐司时可以把吐司稍稍按压一下，这样更容易卷起。

2. 吐司内也可以包裹煎牛肉或者叉烧。

3. 将吐司片烤了之后再做便当更加美味。

熊猫便当

憨态可掬的熊猫无论什么时候都是那么招人喜爱，做成便当看起来更加呆萌十足，胖乎乎的身体让人忍不住想咬一口。

☀ 材料

米饭	1 碗	鸡蛋卷	适量
海苔	2 片	时令果蔬	适量

☀ 做法

1. 米饭分为 50 g 一份，揉成两个椭圆形的饭团。

2. 用海苔剪出约 8cm 长的四肢，上肢的尺寸比下肢的稍小一些。

3. 用海苔剪出熊猫的耳朵、眼睛和鼻子。

4. 将熊猫上肢的海苔条由后向前围住饭团。

5. 将熊猫下肢的海苔条围在饭团的下方。

6. 将熊猫的耳朵贴合在饭团顶部的两侧。

7. 将熊猫的眼睛贴上，呈八字形。用镊子将熊猫的鼻子贴上即可。

8. 将熊猫饭团摆入便当盒中后，加入时令果蔬和鸡蛋卷，营养更丰富。

☀ Tips

1. 一定要将熊猫饭团的耳朵两角捏出来。

2. 在蒸米饭时加入一些糯米，就算便当变冷，吃起来也不会干硬。

小花便当

　　有一句话叫作"幸福像花儿一样"，可爱的小花便当会给吃饭的人带来像花儿一般甜蜜的幸福感，其实幸福并不难，但需要我们用心去经营。

材料

肉末	100g	淀粉	少许
米饭	1 碗	酱油	少许
玉米粒	少许	白砂糖	少许
四季豆	2 根	黑芝麻	少许
奶酪	1 片	时令鲜蔬	适量
		（作配菜）	

做法

1. 在便当盒中装入 2/3 的米饭，用勺子压实。

2. 肉末中加入淀粉、酱油和白砂糖拌匀，静置 10 分钟。

3. 将肉末分成 15g 一个的小肉丸放入锅中蒸熟。

4. 玉米粒和对半切开的四季豆煮熟，沥干水分备用。

5. 将蒸熟的肉丸放在米饭上，将玉米粒围着肉丸摆放一圈。

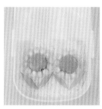

6. 用四季豆作小花的叶子，摆在小花下面。

7. 奶酪用模具压出波浪形，再用牙签插出小圆孔。

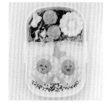

8. 将奶酪放入便当中间，放入鲜蔬，撒上少许黑芝麻即可。

Tips

1. 肉丸蒸熟后如果过大或变形，可用圆形模具按压成小的圆形再摆入便当盒中。

2. 四季豆不要煮得太老，不然会变色。

3. 在肉丸里加入一些香菇末会更好吃。

小狗肉末饭

　　肉末拌饭是妈妈们经常会给宝宝准备的一道餐点，因为宝宝的肠胃尚未发育成熟，对于肉类食品的消化也不是那么好，所以把肉类食品做成肉末能让宝宝吃起来更无负担。

材料

肉末	100g	生菜	1片
白米饭	80g	海苔	1片
炒饭	1碗	酱油	少许
火腿肠	1根	植物油	适量

做法

1. 肉末加少许酱油后放入油锅中炒熟备用。

2. 将半根火腿肠竖着劈开，另一半取端部如图切成两块。

3. 生菜叶上铺上肉末做成小狗的头。

4. 将火腿肠做成小狗的耳朵和鼻子，摆入便当盒中。

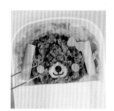

5. 用海苔剪出眼睛和嘴巴，剩下的火腿肠用模具压成腮红和蝴蝶结。

6. 便当盒的另一半铺上炒饭，用勺子压平实。

7. 用保鲜膜将米饭揉成骨头形状，海苔用模具按压出图案。

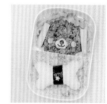

8. 用海苔包住骨头米饭后放入炒饭中即可。

Tips

1. 炒肉末时酱油不宜放得太多，否则会使小狗太黑，若不够咸可放少许盐调味。

2. 在肉末中加入少许淀粉，可以使肉末更有黏性。

3. 用料理机打肉末时用中挡即可，以免肉末太碎成为酱泥。

晴天娃娃便当

挂在屋檐下的晴天娃娃真的很可爱，人们祈求它赶走乌云带来阳光，饱含着美好的期望。现在可以将它做成便当，将这份幸运送给爱的人。

☀ 材料

米饭	1 碗	蛋皮	1 片
海苔	2 片	奶酪片	1 片
番茄酱	少许	生菜丝	少许

☀ 做法

1. 将米饭揉成头 20g、身子 10g 的晴天娃娃形状饭团。

2. 用海苔剪出眼睛和嘴巴，点上番茄酱当作晴天娃娃的腮红。

3. 切一条长条形的蛋皮放在晴天娃娃的头和身子的相接处。

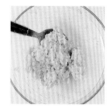

4. 取 25g 米饭加入少许番茄酱，用勺子拌匀。

5. 将番茄酱米饭揉成圆球后稍微压扁一些，剪三条海苔。

6. 将三条海苔如图包住番茄酱饭团，压住接口处。

7. 用模具按压出云朵奶酪片，用海苔剪出眼睛和嘴巴。

8. 将晴天娃娃和番茄酱饭团摆入铺满生菜丝的便当盒里即可。

☀ Tips

1. 晴天娃娃的头做得稍微大一些会显得更可爱。

2. 可以将捏好的娃娃形状先放入便当盒内，再贴五官。

3. 包裹饭团的海苔可以洒点水变软后再包裹饭团，以免断裂。

小兔蛋包饭

对于新手而言，做蛋包饭最难的就是用蛋皮来包饭那一步，因为蛋皮很容易被弄烂。利用便当盒来做蛋包饭会更简单，只需要将蛋皮覆盖在米饭上即可。

☀ 材料

米饭	180g	胡萝卜	1/2根
鸡蛋	1个	白砂糖	适量
海苔	1片	盐	少许
紫薯	1个	火腿	1片
生菜	1片	番茄酱	适量
		肉丸	适量

☀ 做法

1. 将米饭平铺至便当盒的一半，用勺子压平。

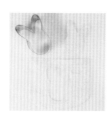

2. 将鸡蛋中加入盐摊成蛋饼。用小兔模具在摊好的蛋饼上按压出小兔的形状。

3. 将小兔镂空蛋饼放在米饭上，用海苔和番茄酱装饰五官。

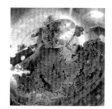

4. 紫薯蒸熟，加入白砂糖，用勺子压成泥。

5. 将紫薯泥装入戴上裱花嘴的裱花袋里，挤入小碗内。将火腿用模具压出心形，放在紫薯泥上。

6. 用压花器在海苔上压出小花形状。

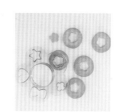

7. 胡萝卜切片煮熟，用模具按压出花朵图案。

8. 将各种食材装入便当盒里，摆放整齐即可。

☀ Tips

1. 可以将紫薯泥用裱花器直接挤在便当上。

2. 在蛋液中加入少许黑胡椒粉和海苔碎更加好吃。

3. 用炒饭代替白米饭或许更有滋味。

Chapter 4

创意小料理

宝宝最爱的创意料理

饭团、便当都是家常便饭，到了周末，
就可以为宝宝制作更多更有趣的料理了！
饭团怎样结合酱汁？意面应该怎么煮？
这些宝宝餐的学问以及创意，在这一章中将
为您揭晓。

可乐饼

　　可乐饼是从法国传入日本，在日本备受喜爱的一种快手食物。它外皮酥脆，内馅柔软可口，咸香的味道能提高人的食欲。即使是不爱吃饭的宝宝，也会抵挡不住可乐饼的美味诱惑。

材料

肉末	80g	面包糠	少许
土豆	1个	盐	少许
洋葱	1/2个	植物油	适量

做法

1. 土豆削皮后切成片状备用。

2. 水烧开，放入土豆片煮熟。

3. 将土豆片捞出沥干水分，放入少许盐，用勺子压成泥。

4. 将洋葱切成碎粒。

5. 将洋葱粒和肉末放入油锅中炒熟。

6. 将炒好的洋葱肉末拌入土豆泥中。

7. 将土豆泥捏成饼状，然后裹上面包糠。

8. 将土豆饼放入油锅中炸至两面金黄即可。

Tips

1. 土豆泥中还可以加入胡萝卜碎等，更具营养。
2. 捏土豆饼时戴上一次性手套就不会粘手而使饼不好成型。
3. 制作可乐饼，土豆是必备食材，其他食材都可以依据个人喜好替换。

黑椒土豆熊

　　黑椒是欧式菜肴里经常会用到的香料，与土豆泥搭配口感独特，别有一番滋味。而且黑椒还能驱风散寒和刺激胃液分泌，少量地加入到宝宝的餐饮中有很好的保健作用。

☀ 材料

土豆	1个	红椒、青椒	各1个
胡萝卜	1/2根	洋葱	1/2个
奶酪	1片	黑胡椒酱	少许
海苔	1片	盐	少许
植物油	适量		

☀ 做法

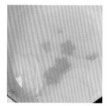

1. 土豆、胡萝卜切片，胡萝卜片用模具按压成花形，放入锅中煮熟。

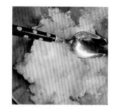

2. 土豆片沥干水后加入少许盐，用勺子压成泥。

3. 取30g土豆泥揉成椭圆形做成小熊的头，耳朵3g，揉成圆形贴在头上。

4. 各取10g土豆泥做成小熊的手臂，身子为30g，揉好后贴在一起做成小熊。

5. 奶酪剪成圆形贴在小熊脸上，海苔剪出五官，将胡萝卜小圆片贴在两颊。

6. 红椒、青椒切粒，洋葱切成条状，作为配菜备用。

7. 将红椒粒、青椒粒和洋葱条放入油锅中翻炒到洋葱条变透明，倒入少许黑胡椒酱拌匀出锅。

8. 将黑胡椒配菜放入碗中，土豆泥小熊也放入碗中，装饰上熟的胡萝卜花即可。

☀ Tips

1. 捏土豆泥时可戴上手套或手上蘸少许油防止粘手影响塑型。

2. 煮土豆时少放些水，以免土豆含水量过多压成的泥太稀。

3. 可以直接将整个土豆放入微波炉里以高火蒸熟，然后剥皮压成泥即可。

轻松熊汤圆

传统的白色汤圆看起来是不是不太有食欲呢？超市里买的速冻汤圆总少不了含有添加剂，不如抽时间和宝宝一起动手，做一款可爱的轻松熊汤圆，好吃又安全。

☀ 材料

糯米粉	35g	蛋黄粉	5g
糖粉	20g	水	50g
可可粉	10g	糯米粉	适量
		（作干粉用）	

☀ 做法

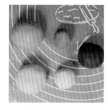

1. 糯米粉与糖粉混合加水，分别混合可可粉和蛋黄粉，揉成各种颜色的面团。

2. 取10g黄色面团压扁成小鸡的身体，取2g揉成长条贴在身体两侧。

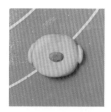

3. 取1g浅棕色面团，捏成椭圆形的嘴巴贴在小鸡面团的中间。

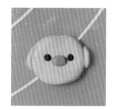

4. 用深棕色面团捏两个小圆形作小鸡的眼睛，贴在嘴巴两侧。

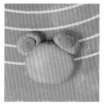

5. 用浅棕色面团做出小熊的头和耳朵。

6. 用深棕色面团揉捏出小熊的眼睛和嘴巴，用白色面团压出小熊的鼻子。

7. 做好的汤圆放置在铺满糯米粉的碟子里，锅中水烧开后倒入汤圆。

8. 大火烧开后，转小火煮至汤圆全部浮出水面即可。

☀ Tips

1. 贴面团时蘸些水更易贴紧。
2. 汤圆做好后可放在铺满糯米粉的碟子里放入冰箱冷冻保存。
3. 可以在汤圆里包入豆沙等馅料，更加好吃。

圣诞树杯子蛋糕

圣诞节的时候，做一些烘托节日气氛的杯子蛋糕，让家里弥漫着香甜的味道。

☀ 材料

鸡蛋	3个	绿色奶油	少许
低筋面粉	500g	白砂糖	适量
黄油	1块		

☀ 做法

1. 黄油室温软化，用打蛋器打发后加入白砂糖拌匀。

2. 分多次加入蛋液，用打蛋器搅打均匀。

3. 筛入低筋面粉，用搅拌刀翻拌均匀。

4. 将面糊倒入纸杯里，八分满即可。

5. 烤箱预热至170℃，烤20分钟后关火。

6. 待冷却后拿出蛋糕，用画圈的方式挤上打发好的奶油。

7. 用餐刀将另外两个蛋糕中间挖出一个锥形，倒扣在蛋糕上。

8. 将绿色奶油装入裱花袋中，装上六齿裱花嘴，在锥形蛋糕外缘挤出圣诞树的样子。

☀ Tips

1. 将蛋液少量多次地加入黄油里拌匀，一次加得太多易造成油水分离。

2. 在面粉中加入一些香草粉或抹茶粉可以做出不同口味的杯子蛋糕。

3. 鸡蛋打发非常重要，如果打发的程度不够，没进烤箱蛋糕就会消泡，烤出来就会变成蛋饼。

企鹅鸡蛋

　　水煮鸡蛋吃多了，宝宝难免会觉得有些寡淡，不如给鸡蛋换个造型，变身为可爱的小企鹅，搭配补脾养胃的山药，既营养均衡又充满童趣。

材料

山药	1根	胡萝卜	少许
鸡蛋	2个	蓝莓酱	少许
海苔	1片		

做法

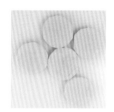

1. 将山药去皮后用淡盐水洗干净，切成片状。

2. 将山药片放入锅中，大火煮5分钟，捞出沥干备用。

3. 鸡蛋煮熟去壳，用厨房纸吸干表面水分。

4. 用海苔剪出企鹅的外衣，如图所示。

5. 将海苔外衣从鸡蛋尖往下包住鸡蛋。

6. 用表情压花器在海苔上按压出企鹅的眼睛和脚。

7. 将眼睛和脚贴在鸡蛋上后，再贴上用胡萝卜剪出的嘴巴。

8. 将蓝莓酱淋在沥干的山药片上，摆上企鹅鸡蛋即可。

Tips

1. 鸡蛋表面一定要吸干水分，不然贴上的海苔会软化变形。

2. 如果鸡蛋竖立不起来，可以把尾部切平。

3. 山药在煮之前用淡盐水泡一下以免变色。

猪脸袖珍汉堡

汉堡并不是一年四季都让人惦记的美食，不过，汉堡一定在某些时刻打动过你，尤其是如此可爱的猪脸袖珍汉堡，简直让人无法不爱。

☼ 材料

高筋面粉	220g	酵母	5g
生菜	2片	白砂糖	15g
番茄	1/2个	巧克力酱	少许
火腿	2片	盐	少许
鸡蛋	1个	水	100ml
（打成蛋液）			

☼ 做法

1. 高筋面粉中加入水、酵母、盐和白砂糖和成面团。将面团和好后发酵至原来的两倍大，揉成大小不一的面团。

2. 小面团蘸少许水，粘到大面团上作猪耳朵，轻轻按压一下固定。

3. 筷子蘸少许面粉，在鼻子上插两个洞作鼻孔。

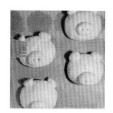

4. 放入烤盘静置10分钟后刷上一层打好的蛋液。

5. 以170℃烤20分钟。

6. 取出待稍凉后将小猪横向切半。

7. 在下半部面包上铺上生菜、切好的番茄片和火腿片。

8. 将上半部面包盖上，用牙签蘸上巧克力酱画出眼睛。

☼ Tips

1. 眼睛也可用坚果、葡萄干代替。

2. 做汉堡的面包坯硬一些比较容易做出小猪的造型。

3. 如果担心生菜不好消化，可以将生菜用开水焯熟。

熊猫抹茶布丁

很多人喜欢用吉利丁片来做布丁，因为其凝结速度较快，其实用鸡蛋也可以做出美味的布丁，而且更加健康安全，更加适合宝宝。

☀ 材料

牛奶	85ml	糯米粉	30g
白砂糖	25g	可可粉	3g
鸡蛋	1个	水	35ml
抹茶粉	3g		

☀ 做法

1. 牛奶中加入白砂糖后加热拌匀。

2. 抹茶粉过筛后加入牛奶中，用打蛋器搅拌均匀。

3. 鸡蛋打成蛋液，将抹茶牛奶液倒入蛋液中混合均匀。

4. 用网筛过滤两次，将成坨的颗粒去除。

5. 将抹茶糊倒入烤碗中，八分满即可。

6. 盖上锡纸，放入装水的烤盘中，150℃烤30分钟。

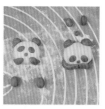

7. 将一半糯米粉和成白色糯米团，将可可粉与另一半糯米粉混合，做出棕色糯米团，用两种颜色的糯米团捏出熊猫的造型。

8. 开水煮熟熊猫糯米团，冷却后装饰在抹茶布丁上即可。

☀ Tips

1. 过滤可使布丁口感更为细腻。

2. 用锡纸盖上烤出的布丁不会有气泡。

3. 可以将糯米团煮熟后再摆成熊猫的造型。

小猪杯子蛋糕

小小的杯子蛋糕造型百变，深受宝宝的喜爱，而且杯子蛋糕吃起来方便卫生，不会弄脏衣服，妈妈们可以尝试一下这款制作简单的小猪杯子蛋糕。

☀ 材料

鸡蛋	1个	白砂糖	27g
低筋面粉	22g	牛奶	20ml
色拉油	12g	草莓粉	少许
		可可粉	少许

☀ 做法

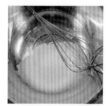

1. 将鸡蛋的蛋黄与蛋白分离。在分离出的蛋黄中加入5g白砂糖，用打蛋器拌匀。

2. 倒入色拉油和牛奶，搅拌均匀。

3. 低筋面粉过筛后加入步骤2做好的食材中，用硅胶刀来回翻拌，制成蛋黄糊。

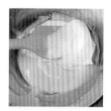

4. 将蛋白和剩余的白砂糖混合后打至硬性发泡，与蛋黄糊拌匀。

5. 舀出少许做好的面糊，分别加入草莓粉和可可粉拌匀。

6. 将不同颜色的面糊装入不同的裱花袋里，用剪刀剪开一个小口。

7. 将原色面糊挤入纸杯里，用粉色面糊和棕色面糊装饰出五官。

8. 烤箱预热至160℃，烤15分钟即可。

☀ Tips

1. 烤箱温度过高会导致蛋糕开裂，需小火慢烤。

2. 第一次做杯子蛋糕时把握不好材料用量，最好使用厨房秤。

3. 在烤箱里放入一小杯冷开水，可以让蛋糕更加绵软。

甜甜圈一家

　　甜甜圈是一种用面粉、砂糖和鸡蛋等食材混合后经过油炸烹制的食品，因其可爱的造型和清甜的口感被赋予了这个好听的名字。

☀ 材料

高筋面粉	180g	黄油	15g
鸡蛋	1 个	酵母	2g
牛奶	20g	细砂糖	25g
巧克力	80g	盐	少许
水	100g	植物油	350g

☀ 做法

1. 将除巧克力、牛奶和植物油以外的所有食材放入面包机里，混合揉匀成光滑面团。

2. 面团发酵至原来的 2 倍大，用擀面杖将面团擀成 1cm 厚的面饼。

3. 用甜甜圈模具在面饼上印出甜甜圈面团。

4. 将甜甜圈面团放在铺满面粉的碟子里，静置 30 分钟。

5. 锅中倒入 350g 植物油，小火煎至甜甜圈呈金黄色捞出沥干。

6. 巧克力中加入牛奶隔水加热熔化成巧克力酱。

7. 甜甜圈完全冷却后，将一面蘸上巧克力酱。

8. 剩下的巧克力酱装在裱花袋里，画出甜甜圈的五官。

☀ Tips

1. 炸甜甜圈时油温应适度，若炸得太久面团会吸收过多的油导致面包过油，影响口感。

2. 家里的食用油，因为抗氧化能力差，一般只能炸一次。

3. 面皮被压出甜甜圈的形状后，可以在压的时候有个翻过来的动作，也可以压好后用手捏住一点儿翻过来。

意面女孩

意面是西餐中最接近中国人饮食习惯的菜品，也是最能被中国人接受的，好的意面通体呈黄色，耐煮、口感好，非常适合给宝宝吃。

☀ 材料

意面	50g	海苔	1片
吐司	1片	胡萝卜	1/2 根
火腿	1片	配菜	适量
奶酪	1片		

☀ 做法

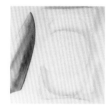

1. 切掉吐司四周，将吐司切成圆形。

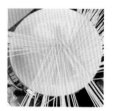

2. 意面放入锅中煮20分钟后捞出沥干。

3. 将吐司和意面摆入便当盒中。

4. 用模具在奶酪片和火腿片上按压出眼睛和腮红。

5. 用表情按压器在海苔上按出眼睛、鼻子和嘴巴。

6. 将女孩的五官装饰在吐司片上。

7. 胡萝卜切片，用模具和小刀刻出小花形状，装饰在意面上。

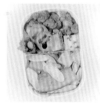

8. 在另一个便当盒里依据喜好装入配菜。

☀ Tips

1. 女孩的腮红可用番茄酱代替。

2. 意面在下锅煮前，要预先在锅内加入盐和橄榄油，便于入味，并且可以防止面条粘连。

3. 意面捞出过水，能保持口感，有嚼劲。

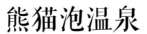

熊猫泡温泉

宝宝不能吃太多的调味品，但如果总是面对寡淡的米饭和水煮蔬菜难免会影响食欲，因此，妈妈们不如做一份可爱的熊猫泡温泉饭，看着如此可爱的造型，吃起来也会更有滋味。

材料

米饭	1 碗	玉米（切小段）	1/2 根
海苔	1 片	丸子	2 个
白菜	5 片	芦笋	2 根
胡萝卜（切块）	1/2 根	盐	少许
西蓝花（掰小朵）	1/2 棵	火腿	1 片
		意面	适量

做法

1. 取 2g 米饭做成耳朵，再取 10g 做成手臂，将海苔剪成能包住米饭的大小。

2. 用 20g 米饭揉成椭圆形做成熊猫身体，用 20g 米饭揉成熊猫头。

3. 用意面作固定，将耳朵和手臂插到头和身体上。

4. 用海苔剪出熊猫的眼睛和鼻子，贴在熊猫脸上。

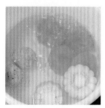

5. 锅中烧开水后放入切好的胡萝卜块、丸子和玉米段小火煮熟。

6. 再放入芦笋、白菜和西蓝花煮 3 分钟。

7. 将蔬菜汤装入碗中，加入少许盐调味。

8. 将熊猫放入汤中，火腿切成长方形作为熊猫的毛巾贴在它的额头上。

Tips

1. 米饭选择稍湿软一些的更容易捏成熊猫的造型。

2. 碗里的汤最好不要放得太多，熊猫泡久了容易松散开。

3. 也可以在汤里加入一些芝麻酱进行调味。

小象芝麻酥

芝麻酥，吃起来风味独特，不同于一般饼干的口感，简单、营养，是值得一试的休闲点心。而且芝麻本身含有的植物油还有润肠通便的作用，适合有便秘问题的宝宝食用。

☀ 材料

黄油	60g	鸡蛋	1个
低筋面粉	100g	黑芝麻	少许
芝麻粉	15g	糖粉	50g

☀ 做法

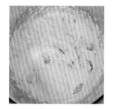

1. 将软化的黄油加入糖粉中打至发白，分3次加入蛋液搅匀。

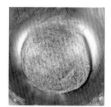

2. 将低筋面粉和芝麻粉倒入黄油鸡蛋糊中揉成面团，静置10分钟。

3. 取5g面团揉成圆形后压扁做成小象的头。

4. 再分别取1g面团按压成小象的耳朵。

5. 取1g面团拉成长条状作为小象的鼻子。

6. 将两颗黑芝麻粘在小象眼睛的位置。

7. 用牙签按压出小象鼻子的纹路。

8. 烤箱预热至170℃，烤5分钟即可。

☀ Tips

1. 做成的面团颜色较深，烤好后会变浅一些。

2. 揉好的面团会比较油，放入冰箱静置一会儿使面团变硬一些更好成型。

3. 饼干烤好后不要马上取出，在烤箱里再放置10分钟，有助于将饼干烤透，保证饼干的口感。

星之卡比鸡蛋杯

妈妈们经常会给宝宝做鸡蛋羹，但是吃多了宝宝难免会觉得腻烦，不如给鸡蛋羹添个卡通装饰，色香味俱全才能更有诱惑力。

☀ 材料

火腿肠	1根	奶酪	1片
蟹棒	1根	番茄酱	少许
海苔	1片		

☀ 做法

1. 切两片火腿肠，作为星之卡比的脸蛋。

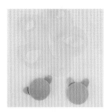

2. 用模具在火腿肠上按压出星之卡比的手。

3. 将蟹棒煮熟，用模具按压出星之卡比的脚。

4. 将做好的蟹棒装饰在星之卡比的身上。

5. 用海苔剪出眼睛，将奶酪剪成小粒作眼白。

6. 用蟹棒剪出嘴巴，用番茄酱装饰脸颊。

7. 将星之卡比造型摆入炖蛋小碗里。

8. 用星形模具按压出星星奶酪装饰即可。

☀ Tips

1. 火腿肠选直径约3cm的比较合适，太小的火腿片影响操作和装饰。

2. 火腿片不要切得太厚，否则不易与耳朵和脚的装饰连接。

3. 蒸蛋不要太稀，不然放入卡通造型后可能会塌陷。

长辫子火腿

精致的生活需要一双善于发现的眼睛，意面和火腿居然还能这样吃，你没有想到吧！创意有时正是源于对生活的热爱。

☼ 材料

火腿肠	2根	海苔	2片
意面	适量	四季豆	2根
蛋白（熟）	适量		

☼ 做法

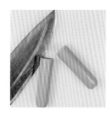

1. 将火腿肠对半切成同样长度。

2. 将意面插入火腿肠圆头的顶端。

3. 放入锅中，中火煮约15分钟。

4. 捞出沥干，将其中一根火腿肠上的意面编成辫子。

5. 将海苔剪成长方形，把火腿肠下部包住一圈。

6. 用海苔剪出五官，火腿肠剪出星形装饰在海苔衣服上。

7. 将火腿肠摆入盘子里，放入煮熟切段的四季豆。

8. 另一根火腿肠切片后点缀上压成花形的蛋白，摆成小花装饰在盘子里即可。

☼ Tips

1. 插入火腿肠中的意面不宜太多，以免煮的时候火腿肠裂开。

2. 意面煮好之后先放在冷水里泡一下，这样面条不会粘在一起，也更有嚼劲。

3. 最好选用无淀粉的火腿肠，这样煮久之后也不会变得软塌。

足球大米汉堡

比起西式汉堡，用米饭做的汉堡对于宝宝而言更加健康。在米饭汉堡上稍加装饰，原本素净无趣的食物也能变得活力十足。

材料

米饭	1碗	番茄酱	少许
生菜	1片	生菜胡萝卜沙拉	少许
奶酪	1片	海苔	1片
牛肉饼	1块		

做法

1. 米饭揉成一个扁圆形饭团和一个半圆形饭团。

2. 在扁圆形的饭团上铺一片生菜。

3. 在生菜上铺一片与饭团差不多大小的奶酪。

4. 在奶酪上放上牛肉饼。

5. 在牛肉饼上挤上少许番茄酱调味。

6. 再放上少许生菜胡萝卜沙拉。

7. 将半圆形饭团盖在沙拉上。

8. 用海苔剪出五边形,贴在米饭上即可。

Tips

1. 需要用稍黏软一些的米饭做饭团,以免饭团太干容易松散。

2. 可先将五边形画在白纸上剪下,再将五边形的白纸覆盖在海苔上来剪。

3. 除了米饭以外,还可以用土豆泥或紫薯泥来做汉堡坯。

小白兔糯米糍

糯米糍是南方著名的小吃，色泽洁白，口感软糯。糯米味甘、性温，加上豆沙、紫薯、奶油等馅料，味道更好。

材料

糯米粉	75g	淀粉	20g
牛奶	175ml	植物油	10ml
紫薯	1个	巧克力酱	适量
糖粉	25g	椰蓉	适量

做法

1. 将紫薯去皮后蒸熟，搅拌成泥。

2. 糯米粉、淀粉和糖粉过筛后搅拌均匀。

3. 倒入牛奶和植物油搅拌均匀。

4. 放入锅中蒸15分钟至糯米糊凝结取出，变成糯米团。

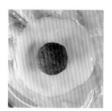

5. 待糯米团稍冷后，取30g压扁，包入10g紫薯泥，封口揉圆。

6. 取5g糯米团揉成细长条做成兔子耳朵，将做好的糯米糍放入装有椰蓉的盘子里。

7. 将糯米糍裹满椰蓉备用。

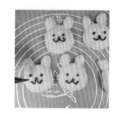

8. 将裹好椰蓉的糯米糍用巧克力酱挤上五官即可。

Tips

1. 揉糯米团时可在手上擦少许油或戴上手套防止糯米粘手。

2. 做好的糯米糍可放入冰箱冷藏3天，吃之前取出在室温下回温一会儿，也可以冷冻保存。

3. 裹上椰蓉是为了增加风味，而且可以减少生粉的味道。

云朵棉花糖

　　儿时的棉花糖是深藏在每个人心中的美好回忆，轻柔的棉花糖像天空中的白云一样柔软干净。现在不用再去街边寻找回忆，自己在家也能做出童年的味道。

❋ 材料

吉利丁片	2片	玉米粉	适量
蛋白	50g	白砂糖	110g

❋ 做法

1. 将吉利丁片完整地放入冰水里泡软。

2. 将80g白砂糖放入锅中，用小火煮沸后关火制成糖浆。

3. 将吉利丁片从水中捞出，沥干后放入糖浆里拌匀。

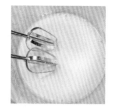

4. 蛋白中加入30g白砂糖用打蛋器搅拌至有小气泡。

5. 将糖浆倒入蛋白中，用打蛋器搅打至浓稠。制成蛋白糊。

6. 碟子里倒入一层玉米粉，用勺子尾端的圆头压出凹印。

7. 蛋白糊装入裱花袋中，在碟子中挤出云朵形状的棉花糖。

8. 待表面干后撒上一层玉米粉，3小时后筛掉玉米粉即可。

❋ Tips

1. 烧糖浆时，如果没有温度计可烧至刚刚沸腾就关火，若煮过火，糖浆会变成焦糖，就不能做成棉花糖了。

2. 可以在糖浆里加入一些食用色素，做成彩色的棉花糖。

3. 将玉米淀粉换成椰子粉会更美味。

幸运草蛋糕卷

幸运草代表着幸运、健康和财富，将幸运草印在蛋糕上，给品尝的人带来一份幸运和祝福吧。

材料

鸡蛋（取蛋黄）	3个	植物油	50ml
鸡蛋（取蛋白）	3个	低筋面粉	80g
白砂糖	30g	抹茶粉	适量
水	60ml	可可粉	适量

做法

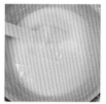

1. 向蛋黄中加入15g白砂糖拌匀，加入植物油和水，搅拌均匀后拌入低筋面粉。制成蛋黄糊。

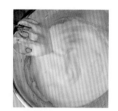

2. 将蛋白和剩下的白砂糖分3次加入碗里，白砂糖每次加5g，打至八分发。

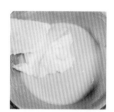

3. 将打好的蛋白分3次加入蛋黄糊中轻轻翻拌均匀制成面糊。

4. 将抹茶粉和少量面糊拌匀后装入裱花袋中，在油纸上挤出幸运草图案。

5. 烤箱预热至150℃，将挤好图案的烤盘放入烤箱中烤3分钟。

6. 向剩余的面糊中加入可可粉拌匀，倒入烤盘中。

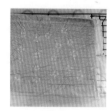

7. 将烤箱调至170℃，烤15分钟后关火。

8. 取出后翻面凉5分钟至蛋糕不烫手后，图案面朝下卷起即可。

Tips

1. 挤好幸运草图案的面糊先烤几分钟是为了让图案变干容易定型。

2. 蛋糕烤好后要趁还有余温时卷起，若蛋糕干后再卷容易断裂。

3. 用电动打蛋器打蛋白时，滴入几滴柠檬汁能中和蛋白的碱性，有利于打发。

小熊棒棒糖三明治

宝宝吃三明治时会觉得太厚了很难咬，将三明治做成棒棒糖的造型，既可爱又方便宝宝食用，非常值得推荐。

☀ 材料

全麦吐司	2片	巧克力酱	少许
奶酪	1/2片	栗子酱	少许

☀ 做法

1.准备两片全麦吐司。

2.用小熊模具在吐司上按压出小熊图形。

3.在小熊图形的吐司上抹上栗子酱或者巧克力酱。

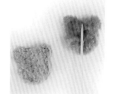

4.在抹有栗子酱的吐司上放一根竹签或者塑料棒。

5.将另外一片小熊吐司盖在竹签上,轻轻按压固定。

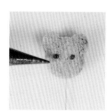

6.用装有巧克力酱的裱花袋在吐司上画出小熊的眼睛。

7.继续用巧克力酱画出小熊的鼻子和嘴巴。

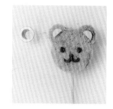

8.用模具按压出圆形奶酪,对半切开后抹少许栗子酱贴在小熊耳朵上即可。

☀ Tips

1.栗子酱可换成其他果酱,只要有黏度即可。

2.若担心小熊三明治脱落,可以用牙签固定。

3.也可以做成小花或小猫等其他造型。

海豹烧果子

　　萌萌的小海豹一口一个，吃起来好欢乐。看着小巧可爱的海豹烧果子，连大人也忍不住垂涎欲滴。

✷ 材料

低筋面粉	200g	炼乳	180g
紫薯泥	150g	鸡蛋（取蛋黄）	1个
巧克力酱	少许		

✷ 做法

1. 蛋黄中加入炼乳，用打蛋器搅拌均匀。

2. 筛入低筋面粉，用硅胶刀拌匀，揉成光滑的面团。

3. 将面团包上保鲜膜放入冰箱冷藏30分钟。

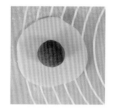

4. 将面团分成20g一个的小面团，擀平后包入10g紫薯泥。

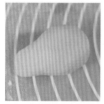

5. 将紫薯泥包住，揉成一头尖的椭圆形。

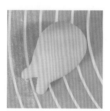

6. 用剪刀在尖头处剪开一个小口，捏成海豹尾巴的形状。

7. 取1g小面团做成海豹的手，烤箱预热至170℃，烤15分钟。

8. 待烧果子稍冷后，用巧克力酱画上海豹的五官即可。

✷ Tips

1. 揉面团时可在手和垫板上撒少许低筋面粉，防止面团粘手。

2. 依据个人口味调整馅料种类，也可以不加馅料。

3. 烤前在小海豹上涂刷一层蛋液，外皮会更酥香。

狗爪馒头汉堡

　　白馒头吃起来实在是单调乏味，宝宝很不愿意吃，没关系，将做好的狗爪馒头切开加入一些馅料就成了中式汉堡，非常简单易学。

材料

低筋面粉	100g	红色食用色素	少许
水	70ml	白砂糖	20g
酵母	2g	生菜	适量
煎培根	适量	酱汁	适量

做法

1. 将低筋面粉、水、白砂糖和酵母混合揉匀。取大约150g揉成白色面团备用，剩下的食材中加红色食用色素，制成粉色面团。

2. 白色面团分成50g一个的剂子。

3. 粉色面团分成3个大面团和9个小面团。

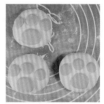

4. 将粉色面团压平后蘸少许水粘到馒头上，做成狗爪样。

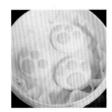

5. 将面团放入锅中，大火烧开后转中火蒸10分钟。

6. 待馒头稍冷后从馒头中间横向切一刀，不要切断。

7. 将生菜塞入切开的馒头中。

8. 夹入煎好的培根，挤入一些酱汁即可。

Tips

1. 面团做好后不能发酵太久，醒发过久的面团容易塌陷，口感不够松软。

2. 馒头蒸好后不要马上开盖，关火后在锅里闷5分钟，若马上打开盖子馒头易回缩。

3. 可以在馒头里夹入任意自己喜欢的馅料。

大黄鸭咖喱饭

呆萌的小鸭子就算是大人见了也会童心大起。不好好吃饭的宝宝看见了，自然会被吸引到饭桌前，对可爱的大黄鸭爱不释手，乖乖吃饭。

☀ 材料

鸡蛋（取蛋黄）	2个	西蓝花	1朵
米饭	1碗	海苔	1片
胡萝卜	1根	咖喱块	2块
土豆	1个	水	少许
植物油	少许		

☀ 做法

1. 预先准备好一碗米饭，两个鸡蛋取蛋黄打入碗中备用。

2. 蛋黄打匀，将米饭和蛋黄液混合拌匀后倒入平底锅内炒成黄金米饭。

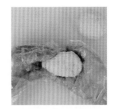

3. 戴上食品手套，用手捏出紧实的大黄鸭的头部和身体。

4. 海苔剪成圆形作眼睛，取一点胡萝卜切成花朵状和大黄鸭的嘴巴形状。

5. 土豆、西蓝花和剩余的胡萝卜切块，焯水后沥干备用。

6. 热锅中放少许植物油，倒入土豆块、胡萝卜块炒至着色，放入咖喱块炒匀。

7. 加入少许水盖上锅盖焖煮5分钟至汁液黏稠，出锅装入盘中。

8. 将大黄鸭摆放在咖喱上，再放上西蓝花和花朵状胡萝卜装饰即可。

☀ Tips

1. 要先做好大黄鸭再煮咖喱，不然土豆吸干水分咖喱会变干。

2. 做大黄鸭的米饭最好黏稠一点儿，容易塑形。

3. 先将蛋黄和米饭拌匀后再加热翻炒才能上色。

彩椒煎蛋

　　将色彩鲜艳的水果甜椒做成煎蛋的模具，搭配鸡蛋迅速变成可爱的花朵，与甜蜜的红豆小丸子一起吃，让早晨的心情变得美丽起来。

材料

红豆	50g	水果甜椒（红、黄）	各1/2个
速冻糯米丸子	50g	鸡蛋	2个
水	100ml	盐	少许
白砂糖	20g	植物油	少许
胡椒粉	少许		

做法

1. 红豆用清水洗净后加入水和白砂糖煮成红豆粥。

2. 将煮好的红豆粥倒入搅拌机里搅拌成红豆沙。

3. 将红豆沙过滤，去掉红豆皮。

4. 将过滤好的红豆沙煮开，放入速冻糯米丸子，中火煮至丸子浮起来。

5. 水果甜椒洗净，去蒂切成1cm厚的甜椒圈。

6. 平底锅中火加热，放入甜椒圈，在甜椒圈里放一点植物油，用锅铲按压，让甜椒圈底部平整，贴合锅底。

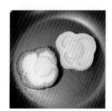

7. 在甜椒圈里打入鸡蛋，撒少许盐，小火煎制。

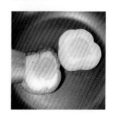

8. 待晃动煎锅甜椒能移动时关火，撒上胡椒粉即可。

Tips

1. 红豆沙过滤掉红豆皮是为了使口感更细腻。

2. 在甜椒圈里放少许植物油，使植物油能填充甜椒圈和锅底之间的缝隙，煎蛋时造型更完整。

3. 红豆沙可以提前一晚准备，这样能节省早上的时间。

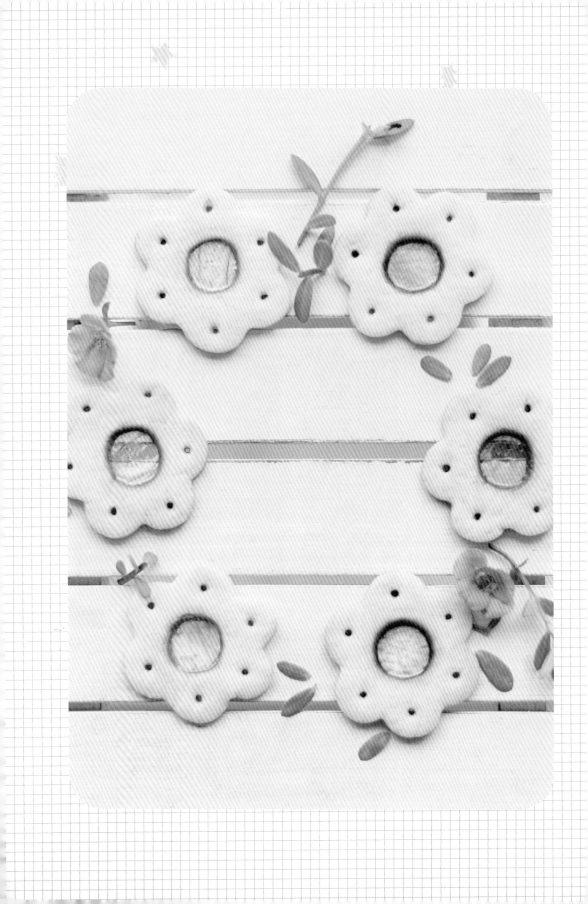

Chapter 5

超萌小面点

会呼吸的健康饱腹美味

富有嚼劲的面食，充饥效果独好。

不仅拥有可爱的外表，而且利于保存与携带。

别再让宝宝吃四方形的吐司以及圆形的包子了！

制作出可爱的面点，更能体现出你对他们的爱与关心。

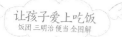

玻璃饼干花环

饼干不仅要做得好吃，还要做得好看。可爱的花形饼干如果看上去有些单调，那么在烤饼干时放上一颗小小的水果糖就会让花心变得非常特别。

材料

鸡蛋	1个	黄油	2块
低筋面粉	适量	糖粉	适量
盐	少许		

做法

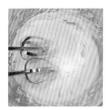

1. 向软化的黄油中加入糖粉和盐搅拌均匀。

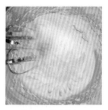

2. 鸡蛋打散搅匀，分3次加入黄油中，用打蛋器打至体积增大。

3. 筛入低筋面粉翻拌均匀，将成块的面粉捏碎。

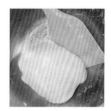

4. 用硅胶刀不断搅拌，拌成光滑柔软的面团。

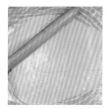

5. 铺上保鲜膜，用擀面杖将面团擀成均匀的薄片。

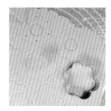

6. 用花形和小圆模具压出印子，用牙签在花瓣上插出小洞。

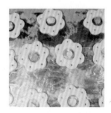

7. 将压好的饼干坯放入烤盘，中间圆洞中放一块水果糖。

8. 烤箱预热3分钟，180℃烤10分钟即可。

Tips

1. 擀面团时铺上保鲜膜更易于操作。

2. 水果糖最好放一整块，碎糖容易烤出小气泡。

3. 可放入两种颜色的水果硬糖，烤出来有渐变效果。

玫瑰花曲奇

充满鲜花香气的曲奇光是闻起来就让人心旷神怡，加入新鲜的玫瑰叶、粉色的曲奇一定会赢得宝宝更多的青睐。

☀ 材料

低筋面粉	100g	玫瑰粉	10g
鸡蛋	25g	糖粉	50g
黄油	65g		

☀ 做法

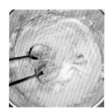

1. 将黄油在室温下软化,用打蛋器打至顺滑。

2. 将糖粉加入打至顺滑的黄油中,一起搅拌。

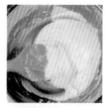

3. 用硅胶刀顺时针转动,直至糖粉融入黄油中。

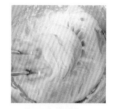

4. 用打蛋器搅打,直至糖粉和黄油混合物的体积稍有膨大。

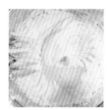

5. 将鸡蛋搅打均匀制成蛋液,分3次加入步骤4做好的食材中。搅拌均匀。制成黄油鸡蛋糊。

6. 筛入低筋面粉和玫瑰粉至黄油鸡蛋糊中,搅拌均匀后会变成粉色。

7. 将面糊装入裱花袋中,戴上六齿裱花嘴,从里往外挤出玫瑰花状面糊。

8. 烤箱预热至180℃,将挤好的面糊放入烤箱,烤10分钟即可。

☀ Tips

1. 若拌好的饼干面糊过软,可放入冰箱冷藏5分钟,挤出的花形更易定型。

2. 糖粉可以根据个人口味调整加入量,最好不要过量。

3. 按照一个方向搅打的食材口感会更好,也不会起空气泡。

南瓜饼

惟妙惟肖的南瓜饼色泽金黄，口感甜糯且富有营养。丰富的膳食纤维，更利于宝宝的消化和吸收，是一道很有趣的小点心。

☼ 材料

南瓜	150g	白砂糖	20g
糯米粉	100g	黄瓜	适量
淀粉	20g		

☼ 做法

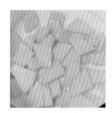

1. 将南瓜切块放入锅中大火煮15分钟至南瓜变软。

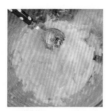

2. 将煮软的南瓜捞出，沥干水分后用勺子压成泥。

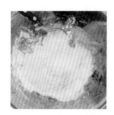

3. 将糯米粉、淀粉和白砂糖依次加进南瓜泥中。

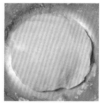

4. 用手慢慢地将南瓜泥与粉类混合物一起揉成光滑的面团。

5. 将大的面团揉成长条，平均分成5份，大约每份30g，揉圆。

6. 用牙签将揉圆的面团按压出南瓜的纹路。

7. 将黄瓜切成细条状，再切断，制作成南瓜柄，插在南瓜面团上。

8. 将小南瓜面团放入蒸笼，大火蒸5分钟即可。

☼ Tips

1. 按压纹路时力度要稍大一些，蒸好后的纹路会变浅。

2. 在按压南瓜面团时，下面要适当撒一些干面粉，以防粘连。

3. 将南瓜面团放入蒸笼时，面团之间要留些空隙，避免面点蒸熟变大后粘在一起。

小鬼魂蛋白霜饼干

在小朋友喜欢的万圣节到来之时，制作这款与节日气氛十分契合的小鬼魂蛋白霜饼干，绝对是最好的选择，小鬼魂不但不恐怖，还带着些许萌意。

材料

鸡蛋	60g	巧克力酱	少许
白砂糖	50g	柠檬汁	少许

做法

1. 将蛋黄和蛋白分离。

2. 在蛋白里滴少许柠檬汁，用打蛋器将蛋白打发。

3. 分3次在打发的蛋白里加入白砂糖。

4. 蛋白打至纹路清晰、插入牙签立着不倒的程度。

5. 舀出一小勺蛋白，加入巧克力酱拌匀。制成巧克力蛋白。

6. 将蛋白装入裱花袋中，在铺了油纸的烤盘中挤出鬼魂的形状。

7. 用巧克力蛋白挤出小鬼魂的眼睛和嘴巴。

8. 烤箱预热至100℃，烤50分钟即可。

Tips

1. 烧箱温度不宜调得太高，若有热风功能，可打开热风烘烤。

2. 挤鬼魂眼睛和嘴巴时可随意一些，不用每个表情都挤得一样，使成品外观更丰富。

3. 如果没有鸡蛋分离器，可以借助矿泉水瓶，挤压瓶身，对准蛋黄后松开利用气压将蛋黄吸出，分离蛋白和蛋黄。

戚风蛋糕

蛋奶香味浓厚的戚风蛋糕有着最质朴的味道，不需要精心地雕琢，可爱的外观就能给刚起床的人带来一天的欢心。

☀ 材料

低筋面粉	50g	植物油	25g
鸡蛋	3 个	白砂糖	50g
牛奶	25ml		

☀ 做法

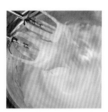

1. 将蛋黄、蛋白分离，用打蛋器将蛋白打至硬性发泡，分 3 次加入 30g 白砂糖。

2. 在蛋黄中加入 20g 白砂糖，打散搅拌均匀。

3. 在打散的蛋黄液中加入植物油和牛奶，搅拌均匀。

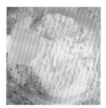

4. 加入过筛后的低筋面粉，用硅胶刀轻轻翻拌均匀。制成蛋黄糊。

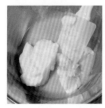

5. 将 1/3 蛋白加入蛋黄糊中翻拌均匀后再加入 1/3 蛋白拌匀。

6. 将拌好的蛋糊倒入剩下的 1/3 蛋白中轻轻拌匀。制成蛋糕糊。

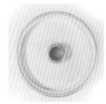

7. 将蛋糕糊倒入 6 寸中空圆形模具中，用力震两下，将大气泡震出。

8. 烤箱预热至 160℃，烤 15 分钟后倒扣，待冷却后脱模即可。

☀ Tips

1. 蛋白的硬性发泡是指提起打蛋器后，蛋白呈竖起来的小尖角不弯曲就可以。

2. 翻拌蛋黄和蛋白要从底部往上拌，不要画圈搅拌，以免蛋白消泡，影响蛋糕口感。

3. 制作好的戚风蛋糕搭配一杯蓝莓酸奶，让早餐充满活力。

樱花糖霜饼干

自制的饼干无添加剂，口感也十分松脆，加上糖霜的造型点缀，无论是给家人享用，或是送给亲朋好友都是非常棒的。

☀ 材料

面团	300g	红色食用色素	少许
蛋白	15g	白醋	少许
糖粉	100g		

☀ 做法

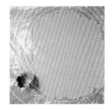

1. 将面团用擀面杖擀平，用樱花模具压出形状。

2. 烤盘中铺上锡纸或油纸，将樱花形面团放入烤盘中。

3. 烤箱预热至170℃，烤10分钟后取出待冷。

4. 蛋白中加入糖粉和白醋，用打蛋器搅拌至浓稠。

5. 搅拌至纹路渐渐消失的状态时停止搅拌。

6. 取出一半蛋白霜加入少许红色食用色素搅拌均匀，将蛋白霜分别装入裱花袋，剪一个小口。

7. 将蛋白霜均匀挤到饼干上，粉色和白色各一半。

8. 待底色干透后，再用蛋白霜绘制樱花纹路即可。

☀ Tips

1. 蛋白不宜搅拌太久，纹路消失时就可以停止搅拌了。

2. 蛋白霜的软硬度一定要把控好，过硬会导致表面不平整。

3. 可根据喜好制作不同的花朵图案。

举旗小人饼干

举着旗子的小人像是你亲手为宝宝创造出来的小伙伴，生动的表情以及动作会让宝宝心情大好。

材料

低筋面粉	90g	蛋液	10g
黄油	50g	糖粉	25g

做法

1. 将室温软化的黄油打发至发白，加入糖粉拌匀。

2. 分2次加入蛋液，搅拌均匀后再筛入低筋面粉。

3. 用硅胶刀将混合食材搅拌成表面光滑的面团。

4. 在桌上垫一层保鲜膜，将面团擀平后用人形饼干模具压出图案。

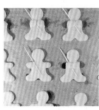   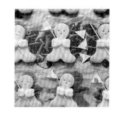

5. 将压好的饼干坯放入烤盘，在饼干上放一根牙签，用人形饼干的手包住牙签。

6. 用牙签在人形饼干上画出小人的眼睛和嘴。

7. 烤箱预热至160℃，烤8分钟。

8. 取出后待凉，在牙签顶端贴上小彩旗装饰即可。

Tips

1. 烤饼干时温度不宜过高，以免牙签被烤焦，影响美观。
2. 举旗小人的表情可以发挥想象，不用千篇一律。
3. 还可以用巧克力酱给举旗小人绘制一些衣服或头饰。

草莓馒头

　　馒头除了能做成卡通人物的形状，还能做成可爱的水果造型，粉嫩诱人的草莓馒头吃起来会不会更有滋有味呢？只要简单的几个步骤就可以轻松学会。

☀ 材料

面粉	200g	抹茶粉	3g
水	60ml	黑芝麻	少许
酵母	2g	糖粉	30g
红曲粉	5g		

☀ 做法

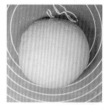

1. 将酵母、糖粉和面粉混合在一起加水揉成光滑的面团，室温下发酵至原来的两倍大。

2. 将面团留出一小部分，剩下的分成大小两份，大的加入红曲粉，小的加入抹茶粉，揉匀。

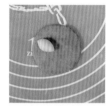

3. 取 5g 白面团以及 10g 红面团，制作草莓馒头。

4. 将红面团包住白面团后，揉成上圆下尖的草莓形状。

5. 绿面团搓成小条状，粘在草莓的正上方。

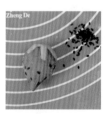

6. 草莓面团上蘸少许水，粘上黑芝麻作点缀。

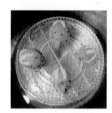

7. 将草莓面团放入锅中，大火蒸15分钟。

8. 关火后过 3 分钟再揭开盖子取出即可。

☀ Tips

1. 发酵好的面团要揉到气体全部排出，这样蒸出来的馒头表面才会光滑。

2. 关火后不能马上开盖，不然馒头表面容易塌陷，影响口感和美观。

3. 蒸馒头时在蒸屉上抹少许植物油，能避免馒头粘在蒸屉上。

馒头人包子

白白胖胖的包子也许不会赢得宝宝的注意，但当它有了生动的表情以后这一切都会变得不同。

材料

低筋面粉	100g	水	75ml
香菇	100g	酵母	2g
肉末	100g	酱油	适量
草莓汁	20ml	淀粉	适量
巧克力粉	适量	白砂糖	适量

做法

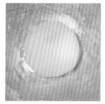

1. 低筋面粉加水和酵母揉成光滑面团，静置20分钟。

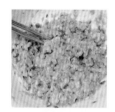

2. 香菇切碎拌入肉末中，加入酱油、淀粉、白砂糖拌匀。制成馅料。

3. 发酵好的面团分成40g一个的剂子，揉成光滑的面团静置发酵。

4. 用擀面杖将小面团均匀擀平，放入15g已经拌好的馅料。

5. 包成圆形包子，收口朝下，按同样的方法包好其他几个。

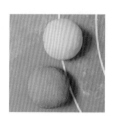

6. 用草莓汁和巧克力粉分别制成20g的粉色面团和棕色面团。

7. 用有色面团做出馒头人的表情。

8. 将包子放入锅内，大火烧开后转中火蒸15分钟即可。

Tips

1. 粘表情时蘸少许水更易贴合。

2. 馅料不要放得太多，以免蒸时溢出汤汁。

3. 揉面团时要控制加入的水量，以免包子不成型。

蜗牛红豆包

甜甜蜜蜜的红豆制成的面点，老少皆宜，制作成卡通蜗牛形状一定会受小朋友的欢迎。

☀ 材料

高筋面粉	150g	酵母	2g
鸡蛋	20g	白砂糖	45g
红豆沙	适量	盐	少许
黄油	15g	水	70ml
巧克力酱	少许		

☀ 做法

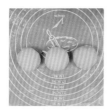

1. 将高筋面粉、黄油、酵母、白砂糖、盐和水放入面包机里混合揉匀成光滑面团，发酵至原来的两倍大。

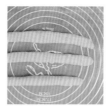

2. 将发好的面团分成50g一个的剂子，再将小剂子揉成细长条状。

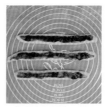

3. 在每个细长条上均匀地涂抹上一层红豆沙。

4. 再取10g揉成头粗尾细的锥形面团，制作蜗牛身体。

5. 先将抹好豆沙的细长条横向卷起制作成蜗牛壳。

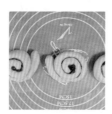

6. 将锥形面团粘在蜗牛壳上，蜗牛形状大致完成。

7. 将做好的蜗牛面团刷上一层蛋液，静置30分钟。

8. 烤箱预热至180℃，烤20分钟，拿出凉凉后用巧克力酱画上眼睛和嘴巴即可。

☀ Tips

1. 红豆沙不宜抹得太多，不然面卷容易散开。

2. 粘锥形面团时蘸少许水更易粘上。

3. 巧克力酱稍微冰一下，更容易把控。

乌龟菠萝包

小清新的绿色乌龟菠萝包，不但拥有着童真的味道、而且升级了营养、好看又好吃。

材料

菠萝皮：

黄油	30g
糖粉	40g
低筋面粉	45g
抹茶粉	5g
盐	少许
鸡蛋	20g

菠萝包：

高筋面粉	150g
黄油	15g
白砂糖	45g
盐	少许
鸡蛋	20g
水	70g

酵母	2g
栗子酱	少许
抹茶粉	5g
蛋液（刷面包坯）	适量

做法

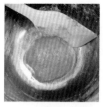

1. 黄油打发，加入糖粉、低筋面粉、抹茶粉、盐和鸡蛋揉成光滑柔软的面团。取30g压扁，擀平，制成菠萝皮。

2. 将菠萝包的食材除栗子酱以外，混合揉匀，制成菠萝包面团。将菠萝包面团分成乌龟身子60g、头8g、四肢2g和尾巴1g的小面团。

3. 用菠萝皮将菠萝包面团包起，制作出乌龟雏形。

4. 在面团底部粘上乌龟的头、四肢和尾巴。

5. 将面包翻面，用刀在乌龟壳上划出菱形格纹。

6. 在做好的乌龟壳上面刷一层蛋液，静置20分钟。

7. 将面包坯放入烤盘，烤箱预热至180℃，烤15分钟。

8. 待面包稍凉后，用栗子酱画上眼睛和嘴巴即可。

Tips

1. 粘头和四肢时蘸些水更易贴紧。

2. 用刀背划出的格纹更加清晰。

3. 如果没有栗子酱，可以用巧克力酱代替。

小鸡肉松面包

借助面包机的力量可以让和好的面团更加柔顺细腻，也会减少一半以上的体力支出，自制的小鸡肉松面包方便存放和携带。

材料

高筋面粉	150g	水	70ml
黄油	15g	酵母	2g
细砂糖	45g	肉松	40g
盐	少许	栗子酱	少许
鸡蛋	20g	蛋液（刷面包坯）	适量

做法

1. 将高筋面粉、酵母、细砂糖、鸡蛋、盐、将黄油和水放入面包机中揉成光滑面团。

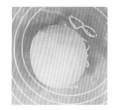

2. 盖上保鲜膜，让面团在室温下发酵至原来的两倍大。

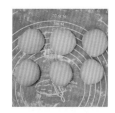

3. 将发酵好的面团平均分成 50g 一个的小面团。

4. 用擀面杖将面团擀平后包入 6g 肉松，收口捏紧。

5. 用吸管在面团中间按压出小圆印子，制作出小鸡的嘴巴。

6. 给每个面团均匀地刷上一层蛋液，静置30 分钟。

7. 烤箱预热至180℃，烤 10 分钟取出待用。

8. 待面包稍冷后用栗子酱画上小鸡的眼睛和脚即可。

Tips

1. 小鸡的眼睛和脚也可以用巧克力酱绘制。

2. 如果没有吸管，也可以用筷子的圆端绘制嘴巴。

3. 面团一定要发酵，否则面包的口感会很硬。

热气球吐司

多种蔬菜制作成的五彩热气球拥有全方位的营养，虽然分量看起来不多，但其实吐司的饱腹感足够让宝宝活力十足。

☀ 材料

吐司	1片	四季豆（取豆子）	2根
奶酪	1片	洋葱粒	少许
韭菜	5根	玉米粒	少许
胡萝卜	1/2根	盐	少许

☀ 做法

1. 将吐司切下四周，留下中间的长方形，再剪成圆角。

2. 将奶酪切成条状，整齐地摆放在吐司片上，作为热气球的基底。

3. 将韭菜清洗干净，焯水沥干，如图摆入盘中制作成热气球的绳子。

4. 将胡萝卜洗净，切片，然后用模具压出心形。

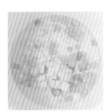

5. 将心形胡萝卜片、洋葱粒、玉米粒和四季豆放入锅中加盐煮熟。

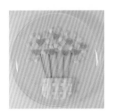

6. 将所有材料都捞出沥干，摆入心形胡萝卜片、洋葱粒和玉米粒。

7. 最后在空隙里摆入煮熟的四季豆，让热气球更饱满。

8. 将切剩的吐司剪成云朵状，均匀装饰在盘中即可。

☀ Tips

1. 热气球的装饰蔬菜可按照个人喜好选择，最好使用多种颜色的蔬菜，增加美感。

2. 热气球吐司也可以用黄油在锅里稍微煎一下，口感更酥脆香甜。

3. 如果没有奶酪，可以配上沙拉酱或者鸡蛋薄片等类似的食材作为调味装饰。

糖果吐司卷

糖果形状的吐司，方便携带，随时随地都可以充饥，是一款既方便又可爱的外带食品。

☀ 材料

吐司	1片	火腿	1片
黄瓜	1根	奶酪	1片
蛋黄酱	少许		

☀ 做法

1. 将吐司切下四周，留下中间的正方形。

2. 用擀面杖将吐司压扁，方便吐司卷曲。

3. 将黄瓜洗净后切成条状，再慢慢削成圆柱形。

4. 在压扁的吐司上挤上适量的蛋黄酱。

5. 将切好的黄瓜条与抹好蛋黄酱的吐司片卷起来。

6. 用模具按压出心形火腿和蝴蝶结奶酪。

7. 桌上铺一层保鲜膜，放上少许心形火腿和蝴蝶结奶酪，将吐司放在保鲜膜边上。

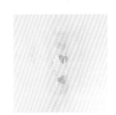

8. 将保鲜膜同吐司一起卷起，两端收口即可。

☀ Tips

1. 蛋黄酱不要涂得太多，以免卷起时溢出，热量也会较高。

2. 吐司卷起后收口处涂少许蛋黄酱可起到黏结作用。

3. 火腿和奶酪切片不要太薄，以免在用模具压制的时候断裂。

蘑菇吐司杯

将吐司制作成杯子的形状，里面即可发挥自己的想象力以及营养搭配能力，制作出对宝宝有益的可爱美食。

材料

吐司	3片	鹌鹑蛋	3个
圣女果	3个	蛋黄酱	少许
生菜丝	适量		

做法

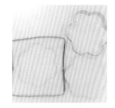

1. 借助花形模具按压出花形吐司。

2. 将花形吐司放入小烤碗中，用手指稍微按压出杯底的形状。

3. 放入烤箱以160℃烤5分钟，让吐司杯底能够立起来。

4. 圣女果用清水洗干净后，对半切开。

5. 鹌鹑蛋煮熟后剥壳，切掉蛋头部分的1/3。

6. 待烤干脆的吐司凉凉后，抹上一层蛋黄酱。

7. 将生菜丝铺在吐司中，半个圣女果倒扣在鹌鹑蛋上。将鹌鹑蛋放在生菜丝上。

8. 用牙签蘸取少许蛋黄酱，在圣女果上画出蘑菇的图案，让它更生动。

Tips

1. 吐司要凉凉后再涂抹蛋黄酱，不然蛋黄酱会化掉。
2. 可以发挥想象，将其他食材融入吐司杯中。
3. 将吐司烤干后，吐司才能直立起来变成吐司杯。

烟花吐司

小朋友们过年最期待的就是放烟花，烟花吐司色彩鲜艳，也带有浓浓的年味，在过年过节的时候做给小朋友们，他们一定会特别开心。

☀ 材料

吐司	1片	玉米粒	少许
海苔	1片	奶酪	1片
胡萝卜	1根	番茄酱	少许

☀ 做法

1. 将海苔剪成碟子一半的大小放入碟子中。

2. 用圆形模具按压出两片圆形吐司。摆在碟子中。

3. 用海苔剪出娃娃的头发和眼睛。

4. 将胡萝卜煮熟。用胡萝卜剪出娃娃的嘴巴,用番茄酱装饰两颊。

5. 玉米粒煮熟沥干,在海苔上摆出两个花形。

6. 胡萝卜用模具压成圆形小粒,围绕玉米粒装饰一圈。

7. 奶酪用模具压成圆形小粒,装饰在胡萝卜粒周围。

8. 用模具将少量胡萝卜压成心形,装饰盘子边缘即可。

☀ Tips

1. 玉米粒煮熟后要沥干水分,不然会导致海苔遇水变形。

2. 摆盘的蔬菜可以适当增加,让营养更全面。

3. 碟子要擦干,否则影响吐司和海苔的香脆口感。

海绵宝宝吐司

海绵宝宝绝对能够哄小朋友开心，只要抓住它眼睛大大圆圆的特点，就能轻松地制作出海绵宝宝吐司。

材料

吐司	2片	苹果	1/2个
熟蛋黄	2个	蛋黄酱	少许
奶酪	1片	卡通意面（煮熟）	适量
蛋皮	1片	章鱼香肠（煎软）	适量
海苔	1片		

做法

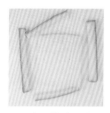

1. 用小刀将吐司的四边去掉，留下柔软的方形吐司。

2. 将两个熟蛋黄用蛋黄酱拌匀，制作成蛋黄泥。

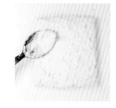

3. 用勺子将蛋黄泥抹在吐司上。

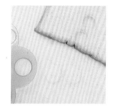

4. 用模具在另一片吐司上按压出两个圆形，用擀面杖压扁。

5. 用模具按压出比圆形吐司稍小一些的圆形奶酪。

6. 将吐司和奶酪拼好作眼睛，用吐司剪出牙齿，海苔剪出眼睛和嘴巴，蛋皮剪出鼻子，用剩余的奶酪剪出圆形，装饰脸颊。

7. 用刻刀在苹果上画出格子，将间隔的皮用刻刀铲掉。

8. 将吐司和苹果放入便当盒中，摆上章鱼香肠和卡通意面即可。

Tips

1. 吐司上的蛋黄酱不用抹得太均匀，可制造些纹路的效果。

2. 若没有奶酪，可以用胡萝卜片制作海绵宝宝脸部的红晕。

3. 苹果用盐水稍微泡一下，可以防止氧化变黑，影响美观。

小黄人窝窝头

　　呆头呆脑的小黄人拥有一颗善良的心，所以一直很受小朋友的青睐。利用玉米窝窝头得天独厚的外形以及颜色优势，只需稍微添加小装饰，一道以小黄人为原型的美味就能轻松做出。

材料

玉米面粉	150g	白砂糖	40g
普通面粉	150g	水	150ml
糯米粉	50g	可可粉	适量

做法

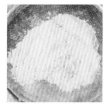

1. 分出 50g 普通面粉过筛。

2. 用相同的方法将玉米面粉过筛好，与过筛好的普通面粉混合。

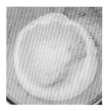

3. 向混合好的面粉里加入白砂糖和糯米粉。

4. 一边加水一边搅拌粉类混合物，直至变成黄色面团。

5. 将黄色面团分成若干个小面团，剩下的 100g 普通面粉分成两份，一份只加水，另一份加入水和可可粉，制作成白色面团和咖啡色面团。

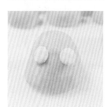

6. 黄色面团揉成窝窝头形状，取少许白色面团揉成圆形，压扁后贴在黄色面团上制作出眼睛。

7. 用咖啡色面团拼出小黄人大致的样子。

8. 烧开水，将窝窝头放入锅中，中火蒸15分钟即可。

Tips

1. 加入糯米粉可使窝窝头更软糯，口感更好。

2. 如果觉得面团太小，做表情比较困难，可以将黄色面团从 50g 一个改为 80g 一个，面团大一些更易做装饰。

3. 也可以根据喜好创造出更多可爱的角色造型。

Chapter 6

爱的小叮咛
宝宝餐的安全把关

制作宝宝餐其实并不难，只要乐于动手就可以！
除了注意营养搭配以外，对于宝宝的饮食习惯也
不能忽略。
了解适合宝宝的喂养方式，搭配自制爱心美食，
这样才能满足宝宝全面健康成长的需求。

不利于宝宝脑部发育的饮食习惯

制作宝宝爱吃的美食虽然是一件很有趣的事情，但如果喂食不当，则会影响宝宝的脑部发育，所以还是要讲究科学的饮食习惯。

过量喂食

很多爸爸妈妈会担心宝宝吃不饱，硬要塞饱宝宝的肚子才罢休，殊不知一日三餐顿顿饱食，会使血液过多地积于胃、肠，从而造成大脑缺血缺氧而妨碍宝宝的脑细胞发育。更严重的是，饱食可诱发大脑中一种叫作纤维芽细胞生长因子的蛋白质大量分泌，促使血管细胞增殖、管腔狭窄、供血能力削弱，加重脑缺氧。所以宝宝的食量还是适可而止比较好。

素食主义

如果你喜欢用成人的所谓低脂膳食标准来要求宝宝，让宝宝不吃或少吃荤菜，那么就要注意了，这样会导致宝宝脂肪摄取量太少。然而智力发育中脂质的重要性要大于蛋白质，被称为"第一需要"，这些重要的健脑物质在荤类食品中含量很高，如鱼肉中达 30% ~ 70%，猪、牛、羊等畜肉中达 10% ~ 20%，至于谷物、蔬菜类食品中的含量几乎为零。因此，有荤有素的食谱才符合宝宝生长发育的需要。

多喂甜食

葡萄糖是脑细胞增长的重要能源，适量食用糖类食品有助于宝宝的大脑发育，但再好的东西也并非多多益善。因为糖在体内的最终代谢产物为带阴离子的酸根，若含量过多可使体液改变其碱性的正常状态，成为酸性体质，导致脑功能下降，如精神不振、记忆力涣散、反应迟钝，重者可致神经衰弱，给宝宝的智力发育蒙上阴影。所以，不要动不动就给宝宝糖类食品作为奖励，可以换用其他健康的小零食，主食还是以咸淡为主。

宝宝厌食

有些宝宝在吃饭的时候十分抗拒，要哄着才吃几口，这种状态非常不利于宝宝脑部发育。如果三餐进食量太少，宝宝总是处于半饥饿状态，也可能伤脑。患有厌食症的宝宝的体重较健康宝宝来说低30%，注意力、记忆力、学习能力等也相应降低，大脑形态也有一定的萎缩。厌食治疗后体重恢复正常，但大脑功能和形态已无法补救，厌食宝宝不能摄取大脑所需的足够营养素为其重要原因。因此，有厌食情况的宝宝应请医生诊治，及时纠正，以免妨碍智力发育。

 ## 油炸食品

炸鸡翅、炸薯条、煎鸡蛋等油炸类食品口感好，对宝宝颇有诱惑力，偶尔吃一点儿倒也无妨，但长期大量食用则对宝宝身体和脑部发育有着很大的危害。一是此类食品在制作过程中加入了含铝发酵粉，而铝已被证实为脑细胞的一大"杀手"；二是高温烹调可产生大量有强烈致癌作用的苯并芘等毒性物质；三是油炸食品含有较多过氧化脂质，可促使脑细胞早衰，故不宜多食。

 ## 吃得太咸

长期重口味的饮食，别说对宝宝，就连大人也容易患病。盐的主要成分为氯化钠，食入过多可致使体内钠离子浓度升高，不仅易引发高血压、胃炎、感冒等疾病，亦有害于脑。从生理角度上讲，1个人每天吃盐1g盐即可满足生理需要，故将一天的吃盐量限制在6g以下非常重要，是保护脑的一项重要措施。

父母易犯的错误喂养方式

宝宝一出生，就会得到家人的呵护，大家都希望宝宝多吃点儿营养补品，以利于成长。但是如果喂养宝宝的方式不科学，就会对宝宝的健康不利。

面对偏食处理不当

宝宝偏食是很正常的现象，因为某些食物的纹理粗糙或是有一些他们接受不了的"怪味"，所以往往会不爱吃那类食物。作为一个聪明的妈妈不应该呵斥宝宝不吃某种他们不爱吃的食物，这样会令他们更反感这些食物，而是要想办法将那些食物"隐藏"起来或者用其他营养含量差不多的食物代替。这样的方式也许更能让宝宝们慢慢地接受自己不爱吃的食物，并且不会使他们有不爱吃的想法。

给宝宝乱添补品

宝宝的发育以及成长是每个家庭关注的重点，为了让宝宝更好地长身体，家长喜欢给宝宝吃桂圆、花粉、人参蜂王浆等补品。实际上，这些补品中宝宝所需的蛋白质、脂肪、矿物质的含量很低，并非我们想象的能带给宝宝多少营养。更重要的是，人参蜂王浆及花粉中还含有某些性激素，可使宝宝的骨骺提前闭合，导致他们日后身材矮小。同时，还会引发性早熟。除此之外，还可引起牙龈出血、口渴、便秘、血压升高、腹胀等症状。如果没有特殊需要，不要随意给宝宝吃补品，更不要盲目地去追求价格昂贵的"珍稀食品"来"呵护"宝宝。如果宝宝发育迟缓，应该及早就医。

空腹喂甜食

很多宝宝在吃饭之前就开始闹腾，回想一下你是不是会先喂一些甜食给宝宝充饥，以制止宝宝哭闹？这个行为是非常不正确的。经常在饭前空腹吃甜食，会降低正餐食欲，破坏肠道内产生 B 族维生素和叶酸的正常菌群，导致产生维生素缺乏症和营养不均衡。同时，空腹吃甜食还会使胰岛素在血液中增多，使大脑血管中的血糖迅速下降，造成低血糖，而体内会反射性地分泌出肾上腺素，使血糖回到正常水平。这种现象称为肾上腺素浪涌现象，可使人的心率加快。对于儿童，他们的大脑比成年人更敏感，因此会比较容易出现头痛、头晕、乏力等症状。饥饿时吃一点儿甜食是有益的，但这仅限于偶尔为之，而且最好在进餐前 2 小时进食，临近正餐时，切忌给宝宝吃甜食。

宝宝饮水时机不对

饮水的时机不对也会对宝宝的身体健康造成威胁。餐前、餐中、餐后饮水对食物的消化和吸收十分不利。因为人的胃肠等消化器官，到吃饭的时间就会条件反射地分泌出各种消化液，如口腔分泌唾液，胃分泌胃蛋白酶和胃液等。这些消化液会与食物的碎末混合在一起，可以促进食物中营养成分的消化和吸收。但如果喝了水，就会稀释消化液，并使胃蛋白酶的活性减弱，从而影响食物的消化吸收。如果宝宝在饭前感到口渴，可先喝一点儿温水或热汤，但不要很快进餐，最好过一会儿再吃饭。

认为汤的营养价值最高

很多家长认为汤是经过精心熬制而成的，所以骨头和肉的营养都跑到了汤里，就一味地给宝宝喂汤而不给宝宝吃肉，甚至在宝宝牙齿出齐后，还把汤作为宝宝蛋白质的主要来源。这个观念非常错误。它不仅会导致宝宝贫血，还会引起其他营养素缺乏，如缺锌。由于锌是以蛋白质结合的形式存于肉类、蛋类及乳类食物中的，不能直接溶解于汤内，所以，汤中没有多少锌。贫血和缺锌会使宝宝的食欲下降，尤其是导致宝宝味觉减退，可能出现厌食症状。如此，宝宝进入一个营养不良的恶性循环，使本来就缺乏营养的身体变得更加营养不够，进而越来越瘦弱，个头也长得慢，明显落后于正常饮食的宝宝。

温馨提示
可以动动脑筋，让宝宝接受那些他们"讨厌"的食物

1. 不爱吃菜花
宝宝们不爱吃菜花是因为"没有味道"，只需要将菜花煮熟，和土豆泥混在一起，添加少许胡椒粉，就会受到宝宝们的欢迎，同时还增加了膳食纤维和维生素C。

2. 不爱吃番茄
有些宝宝对番茄实在抗拒，这时可以让宝宝在吃蔬菜、肉食或奶酪时蘸着番茄酱吃，番茄酱中所含的营养成分并不比番茄少，这样不仅宝宝们爱吃，还在不知不觉中增加了营养。

宝宝的食物禁忌要谨记

除了喂养习惯要注意，食物的禁忌也必须谨记，不仅是小孩的肠胃脆弱，就算是成年人也可能会因为不知食物禁忌而失去健康。

饮品类禁忌

各种饮料

很多果汁饮品或者汽水的主要成分是糖、人工色素、香精和防腐剂，几乎不含蛋白质、微量元素等人体必需的营养物质。宝宝们多喝饮料，既不能解渴，又容易影响食欲、造成龋齿甚至危害骨骼发育，对还在成长的宝宝来说弊大于利。

茶

茶叶中含有大量的鞣酸，它会干扰人体对食物中蛋白质、矿物质及钙、铁、锌的吸收，导致宝宝们缺乏蛋白质和矿物质而影响其正常生长发育。此外，茶叶中的咖啡因是一种很强的兴奋剂，它还可能诱发小儿多动症。

咖啡制品

咖啡中含有大量的咖啡因，咖啡因是一种兴奋剂，主要对人的神经中枢系统产生作用，会刺激心肌收缩，使心跳加速。宝宝还处于成长期，身体比较脆弱，而且控制力比较差，过量饮用咖啡制品会增加其身体负担，不利于其成长。咖啡因还会刺激胃部蠕动和胃酸分泌，引起肠痉挛，常饮咖啡的宝宝容易发生不明原因的腹痛，长期过量摄入咖啡因则会导致慢性胃炎。

食品类禁忌

辛辣食品

3 岁以上的宝宝饮食结构开始固定，但各方面都比较脆弱。酸、辛、麻、辣等刺激性强的食物，对于宝宝娇嫩的胃肠道和口腔、食管黏膜来说是一种劣性刺激，这些部位的黏膜受到不良刺激后，会发生水肿、充血，甚至糜烂、出血，个别导致溃疡。反复经常刺激后可形成慢性炎症，使胃肠道功能下降、消化吸收能力降低、食欲不良。

食品添加剂

食品添加剂在一定量的范围内相对安全，但如果使用超量，将对人体产生一些不良影响。应该尽量避免食用含有食品添加剂的食物，避免生长发育不良。

营养品和滋补品

5 岁以内是宝宝发育的关键时期，补品中含有许多激素或类激素物质，可缩短骨骺生长期，导致宝宝个子矮小，长不高；激素会干扰生长系统，导致性早熟。此外，年幼进补，还会引起牙龈出血、口渴、便秘、血压升高、腹胀等症状，对宝宝的健康发育造成极大的阻碍，所以营养品和滋补品的喂食需要格外谨慎。

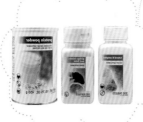

零食类禁忌

巧克力

巧克力中的蛋白质含量偏低，脂肪含量偏高，吃多了会影响宝宝食欲。并且巧克力中不含能刺激肠胃正常蠕动的纤维素，会影响胃肠道的消化吸收功能。再者，巧克力中含有使神经系统兴奋的物质，会使宝宝不易入睡，哭闹不安；多吃巧克力还会产生蛀牙，并使肠道气体增多而导致腹痛。

花生酱及坚果

花生酱容易引起宝宝过敏，而坚果类食物不易吞咽，有造成宝宝哽噎窒息的风险，所以 2 岁之前的宝宝不适合喂食花生酱和其他坚果类食物。如果家族中有食物过敏遗传病史，最好在宝宝 3 岁之前都要避免进食花生酱或者花生制品。

高糖食品

宝宝们都喜欢吃甜食，如各种糖果、糕点等。由于宝宝活泼好动，能量消耗也多，适当吃点儿糖果以补偿身体的消耗也是可取的，但时间应安排在饭后 1 ~ 2 小时或午睡后。宝宝应该少吃高糖食物，过多的糖分不仅容易导致宝宝出现龋齿，也将成为宝宝超重、肥胖的一个很大的促进因素，同时也将对宝宝的视力发育造成影响。

代食禁忌

鲜奶代替开水

夏天天气热，宝宝胃口不好，可又需要足够的营养，于是有些妈妈就让宝宝多喝牛奶，一天要喝上好几杯，认为这样就算不吃饭营养也能跟上。但其实牛奶不仅不能解渴，如果一天中摄入过量牛奶，过量的蛋白质就会阻碍钙质的吸收，这样会更不利于宝宝的健康。并且有些宝宝会有乳糖不耐受反应，这样大量地进食牛奶反而会导致腹泻。

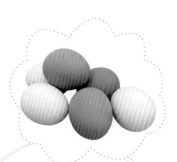

鸡蛋代替主食

有些家长为了让宝宝长得更健壮，几乎每餐都以鸡蛋类食物为主，这不但不能让宝宝变得更强壮，还会造成消化不良等后果。因为宝宝胃肠道消化功能尚未成熟，各种消化酶分泌较少，过多地吃鸡蛋，会增加宝宝胃肠的负担，甚至引起消化不良性腹泻。

果汁代替水果

一些没有喂养经验的父母很怕宝宝吃水果时被噎住，所以选择买果汁、果露等充当水果来给自己的宝宝喝。要知道，这种偷懒的小方法是非常不妥的。因为新鲜水果不仅含有完善的营养成分，而且在宝宝吃水果时，还能锻炼咀嚼能力以及牙齿的功能，刺激唾液分泌，促进宝宝的食欲。而各类果汁都是经加工制成的，不但会损失一些营养素，而且还含有食品添加剂，宝宝长期过多地饮用会给健康带来危害，同时果汁中添加的糖分使其甜度过大，会影响宝宝的正常食欲，严重者会导致厌食。

宝宝需要培养的健康饮食习惯

健康的饮食习惯搭配营养的食物，能够为宝宝的健康成长护航。要知道，健康的身体比任何东西都珍贵，所以父母也必须重视宝宝的健康。

1. 让宝宝愉快地进食

想要宝宝的食欲好，就得在餐前培养良好的进食情绪，这样不仅能让宝宝打开味蕾，还可以帮助他们更好地消化和吸收食物。不要经常逼迫宝宝吃饭或是吃饭时斥责宝宝，这样会让他们觉得吃饭是一件讨厌的事。

2. 做适合宝宝的美食

宝宝添加辅食后，食物要多变化样式、口味，让宝宝每天对食物感到新奇。多发挥自己的创意，将卡通人物或者一些可爱的图案制作成小便当或者美食，相信宝宝一定会特别开心。手艺不佳的妈妈，不妨多买一些幼儿食谱回家学习和尝试。

3. 让宝宝自己动手做美食

让宝宝自己动手做美食，并不是说从洗菜开始慢慢到烹饪，而是让宝宝参与到美食的制作过程中，可以让他们自己涂果酱、加盐、餐前叫宝宝帮着擦桌子、拌佐料，或者介绍即将上桌的菜。

4. 合理替换食物

聪明的妈妈应该学会替换原则：食物种类虽然不同，但是营养成分却可以替换，如果宝宝真的不喜欢某些食物，就试着找出可替换的食物。但也要注意食物替换的禁忌，不要盲目替换，也不要为了偷懒而替换，以免造成宝宝的不适。

5. 尽量早食

让宝宝每天按时吃饭是一件很重要的事情，而且尽可能地早食也是有百利而无一害的。对于宝宝与成年人来说，早餐早食是一天的"智力开关"，而晚餐早食可预防多种疾病。

6. 隔时段喂食

大人有时也会因为情绪、气候等原因而胃口不佳，如果偶尔到了吃饭时间，宝宝仍不觉得饿，就别硬要求他吃，这样强硬的态度会让宝宝产生厌食的情绪。如果宝宝对某一种食物感到讨厌，可能只是暂时性不喜欢，可以试着隔一段时间再让他吃吃看，说不定就会吃得特别香。

7. 避免宝宝单独进食

让宝宝参与到美食中来，并不是说可以撒手不管，宝宝没有家长的管教和指点，一般都会胡挑乱选，自己认为好吃的吃一点儿，其他的菜肴营养再丰富也不会问津；或者吃一点儿、玩儿一阵，有的干脆把饭菜倒掉一些谎称自己吃了，这样并不利于宝宝健康饮食习惯的养成。

8. 品种多样化

不能盲目地认为哪种食物好，如果一天三餐都让宝宝吃同一种食物，会造成营养严重不均衡，要让宝宝进食多样化的食物，充分体现食物互补的原则，是宝宝获得各种营养素的保证。可先从每天吃 10 种、15 种食物做起，但也不要太多，否则会导致消化不良等现象的产生。

9. 细嚼慢咽

从小就要让小孩养成细嚼慢咽的吃饭习惯，这样不仅可以健脑、减肥、美容、防癌，还能够有助于消化，要让孩子学会"一口饭嚼 30 次，一顿饭吃半小时"，但也不能一顿饭拖的时间太长。

10. 荤素搭配得当

宝宝幼嫩的消化系统所决定的进食结构是"基本吃素"，但也不能全部吃素，因为荤菜里面含有丰富的蛋白质和脂类，这也是他们成长发育所需要的营养元素，所以在准备宝宝餐时要注意荤素搭配得当。